■ ■ ■　智能系统与技术丛书

Natural Language Processing with Java

Second Edition

Java自然语言处理

（原书第2版）

[美] 理查德·M. 里斯（Richard M. Reese）
[印] 艾希什辛格·巴蒂亚（AshishSingh Bhatia）　著

邹伟　李妍　武现臣　译

机械工业出版社
China Machine Press

图书在版编目（CIP）数据

Java 自然语言处理（原书第 2 版）/（美）理查德·M. 里斯（Richard M. Reese），（印）艾希什辛格·巴蒂亚（AshishSingh Bhatia）著；邹伟，李妍，武现臣译，—北京：机械工业出版社，2020.6

（智能系统与技术丛书）

书名原文：Natural Language Processing with Java, Second Edition

ISBN 978-7-111-65787-3

I. J… II. ①理… ②艾… ③邹… ④李… ⑤武… III. ① JAVA 语言 - 程序设计 ②自然语言处理 IV. ① TP312.8 ② TP391

中国版本图书馆 CIP 数据核字（2020）第 097613 号

本书版权登记号：图字 01-2018-8344

Java 自然语言处理（原书第 2 版）

出版发行：机械工业出版社（北京市西城区百万庄大街 22 号　邮政编码：100037）

责任编辑：李美莹　　　　　　　　　　　　责任校对：殷　虹

印　　刷：北京瑞德印刷有限公司　　　　版　　次：2020 年 7 月第 1 版第 1 次印刷

开　　本：186mm×240mm　1/16　　　　印　　张：14.75

书　　号：ISBN 978-7-111-65787-3　　　　定　　价：79.00 元

客服电话：（010）88361066　88379833　68326294　　　投稿热线：（010）88379604

华章网站：www.hzbook.com　　　　　　　　　读者信箱：hzit@hzbook.com

译 者 序

自然语言处理（NLP）是当前如火如荼的人工智能（AI）技术的重要组成部分，在应用程序开发中起着重要作用，几乎任何一个 AI 项目都或多或少需要 NLP 的参与，NLP 在解决实际问题中起着越来越重要的作用。

我曾经翻译本书第 1 版，在第 2 版出版后，发现第 2 版做了增补，更加清晰全面地介绍了 Java 自然语言处理的方式，所以决定翻译这本书。本书从 NLP 的基本工具开始谈起，解释了自然语言处理包括的技术点，以及能够解决哪些问题；而后，详细地解释 NLP 的每个技术细节，包括文本分词、文本断句、命名实体识别、词性判断、文本特征、语义检索、文本分类、主体模型、关系抽取、组合管道等；最后，给出了一个聊天机器人的架构和演示。

在具体使用本书时，可以将其作为技术书籍，从第 1 章开始顺次阅读，也可以选择自己感兴趣的章节，以简单工具书的形式进行查阅参考。

在此，我们译者三人以自己粗浅的认识建议广大读者加强 AI 和 NLP 的实践，我们预见，在未来几年，自然语言处理将获得广泛发展。目前国内 AI 技术的应用非常广泛，除了使用目前火爆异常的深度学习模型来解决 NLP 的问题以外，我们也强烈建议大家对 NLP 的经典技术有基础性了解。我现在经营一家科技公司，在我们所完成的 50 多个 AI 项目中，半数项目与 NLP 相关。有些是需要对大范围数据进行舆情监测，有些需要对上市公司的报告进行自动化和半自动化分析，有些需要特定领域的智能推送（我们曾经完成和参与的项目涉及气象、交通、农业、环保、能源等多个领域），有些需要使用 NLP 对业务进行辅助（如某些时间序列数据的涨跌预测）。第二译者是上海外国语大学的李妍副教授，她在从事管理学、信息技术、网络监测等科研工作时，使用了大量的 NLP 技术解决了企业的问题，包括舆情监测、企业并购、董事会成员行为分析等。第三译者是令人敬仰的律师武现臣老师，他在面对大量法律案件时，遇到许多类案推送、语义理解等问题，因此具有非常丰富的 NLP

应用经验。类案推送中，根据某个指定的法律文书，在数千万文书中查找最相似的案件，从而为法官和律师提供参考。语义理解更具备广泛性，如《最高人民法院关于审理人身损害赔偿案件适用法律若干问题的解释》中的第二十条："受害人有固定收入的，误工费按照实际减少的收入计算。受害人无固定收入的，按照其最后三年的平均收入计算；受害人不能举证证明其最近三年的平均收入状况的，可以参照受诉法院所在地相同或者相近行业上一年度职工的平均工资计算。"只有使用语义理解将其变成合理的数学公式，才能让后续算法自动计算误工费成为可能。

以 IT 的视角看，自然语言处理是古老的，在计算机诞生不到 5 年（即 1949 年），就有人提出了机器翻译设计方案；但自然语言处理同样是年轻的，它正经历着使用机器学习和深度学习的数据驱动方式进行技术更新和迭代。我个人在创业前曾经做过为期数年的在线课程，在一次答疑时有人问："我是一名即将选择研究方向的准研一学生，人工智能的概念宽泛、方向众多，我应该如何选择呢？"面对我的百万粉丝和学员，我当时说："如果导师帮你确定了方向，听导师的；如果可以个人自由选择，我建议选择自然语言处理。"我现在仍然这样认为。

睿客邦 CEO 邹伟

2020 年 3 月 20 日

前　言

自然语言处理（Natural Language Processing，NLP）允许使用任何句子并识别模式、特殊名称、公司名称等。本书将教会你如何在 Java 库的帮助下执行语言分析，同时不断地从结果中获得见解。

首先你会了解 NLP 及其各种概念。掌握了基础知识之后，你将探索 Java 中用于 NLP 的重要工具和库，如 CoreNLP、OpenNLP、Neuroph、Mallet 等。然后，你将开始对不同的输入和任务执行 NLP，例如分词、模型训练、词性标注、解析树等。你会学习到统计机器翻译、提取摘要、对话系统、复杂搜索、有监督和无监督的 NLP 等内容。在本书的最后，你也会学到更多关于 NLP、神经网络和 Java 中用于增强 NLP 应用程序性能的其他各种训练模型。

本书读者

如果你是数据分析师、数据科学家或机器学习工程师，希望使用 Java 从一种语言中提取信息，那么本书非常适合你。本书需要你有 Java 编程基础，而对统计数据有基本的了解有助于阅读本书，但这不是必需的。

本书涵盖的内容

第 1 章阐述 NLP 的重要性和用途。本章通过简单的例子对如何使用 NLP 技术进行了说明。

第 2 章主要关注分词。这是完成更高级的 NLP 任务的第一步。本章介绍了核心 Java 和 Java NLP 分词的 API。

第 3 章论证句子边界消歧是一个重要的 NLP 任务。这个步骤是许多其他下游 NLP 任务的前驱，在这些任务中，文本元素不应该跨句子边界拆分。这可以确保所有短语都在一个句子中，并支持词性分析。

第 4 章涵盖通常所说的命名实体识别（Named Entity Recognition，NER）。这个任务与在文本中标识人、位置和类似实体有关。这个技术是处理查询和搜索的预备步骤。

第 5 章会向你展示如何检测词性。词性是文本的语法元素，如名词和动词，识别这些元素是确定文本含义和检测文本内部关系的重要步骤。

第 6 章解释如何使用 n-gram 表示文本，并概述它们在揭示上下文中所起的作用。

第 7 章处理信息检索中发现的大量数据，并使用各种方法寻找相关信息，如布尔检索、字典和容错检索。

第 8 章证明文本分类在垃圾邮件检测和情感分析等任务中是有用的。本章还对支持这一过程的 NLP 技术进行了研究和说明。

第 9 章讨论使用包含一些文本的文档进行主题建模的基础知识。

第 10 章演示解析树。解析树有许多用途，包括信息提取，信息提取保存了关于这些元素之间关系的信息。本章给出了一个实现简单查询的示例来说明这个过程。

第 11 章讨论围绕使用组合技术解决 NLP 问题的几个议题。

第 12 章介绍不同类型的聊天机器人，我们也将开发一个简单的预约聊天机器人。

如何充分利用本书

Java SDK 8 用于说明 NLP 技术。需要的各种 NLP API 可以随时下载。IDE 不是必需的，但有条件的话还是建议下载。

下载示例代码及彩色图像

本书的示例代码及所有截图和样图，可以从 http://www.packtpub.com 通过个人账号下载，也可以访问华章图书官网 http://www.hzbook.com，通过注册并登录个人账号下载。

本书的代码包也存储在 GitHub 上，网址为 https://github.com/PacktPublishing/Natural-Language-Processing-with-Java-Second-Edition。如果代码有更新，它将会更新到现有的 GitHub 存储库。

我们还有其他的代码包，它们来自我们丰富的书籍和视频目录，可以在 https://github.com/PacktPublishing/ 上找到。欢迎查找下载。

我们还提供了一个 PDF 文件，其中有本书中使用的屏幕截图（图表的彩色图像）。你可以在 http://www.packtpub.com/sites/default/files/downloads/NaturalLanguageProcessingwithJavaSecondEdition_ColorImages.pdf 下载。

排版约定

书中代码块设置如下：

```
System.out.println(tagger.tagString("AFAIK she H8 cth!"));
System.out.println(tagger.tagString(
    "BTW had a GR8 tym at the party BBIAM."));
```

命令行输入或输出样式如下：

```
mallet-2.0.6$ bin/mallet import-dir --input sample-data/web/en --output
tutorial.mallet --keep-sequence --remove-stopwords
```

 表示警告或重要说明。

 表示提示和技巧。

作者简介

Richard M.Reese 曾就职于学术界和工业界。他曾在电话和航天工业工作 17 年，其间曾担任研发、软件开发、监督和培训等多个职位。他目前任教于塔尔顿州立大学。Richard 曾出版多本关于 Java 和 C 指针的书籍，他使用浅显易懂的方法讲授相关主题，他的 Java 书涵盖 EJB 3.1、Java 7 和 8 的新功能、认证、函数式编程和 jMonkey Engine，及自然语言处理。

AshishSingh Bhatia 是学习者、读者、探索者和开发者。他在不同的领域（包括银行、ERP 和教育）有超过 10 年的 IT 经验，并对 Python、Java、R、Web 和移动开发一直充满热情。他总是准备探索新技术。

我要感谢我亲爱的父母和朋友，感谢他们一直以来的支持、耐心和鼓励。

审校者简介

Doug Ortiz 是一位经验丰富的企业云、大数据、数据分析和解决方案架构师，他曾设计、开发、重新设计和集成了企业解决方案。他还擅长 Amazon Web Services、Azure、Google Cloud、商业智能、Hadoop、Spark、NoSQL 数据库和 SharePoint 等。

他是 LLC 公司 Illustris 的创始人，可以通过 dougortiz@illustris.org 联系到他。

非常感谢我出色的妻子 Milla，还有 Maria、Nikolay 和我们的孩子，感谢他们的支持。

Paraskevas V. Lekeas 在希腊的 NTUA（雅典国立科技大学）获得了计算机科学的博士和硕士学位，并在那里完成了算法工程的博士后研究，他还拥有雅典大学的数学和物理学学位。他曾是雅典 TEI 和克里特岛大学的教授，后来在芝加哥大学实习。他在知识发现和工程方面拥有丰富的经验，曾为初创公司及使用各种工具和技术的公司解决过许多难题。他在 H5 领导数据组，帮助 H5 推进创新知识发现。

目　录

第 **1** 章

NLP 概论

自然语言处理（Natural Language Processing，NLP）是一个广泛的主题，关注于使用计算机来分析自然语言。它涉及语音处理、关系提取、文档分类和文本总结等领域。然而，这些类型的分析是基于一组基本的技术，例如分词、句子检测、分类和关系提取。这些基本技巧是本书的重点。我们将首先详细讨论 NLP，研究它为什么重要，并确定应用领域。

有许多工具可以支持 NLP 任务。我们将重点讨论 Java 语言以及各种 Java 应用程序编程接口（Application Programmer Interface，API）如何支持 NLP。本章将简要介绍主要的API，包括 Apache 的 OpenNLP、Stanford NLP 库、LingPipe 和 GATE。

接下来进一步分析前面提到的那些基本 NLP 技术。我们将基于其中一个 NLP 的 API 阐述和说明这些技术的性质和用途。其中许多技术都将使用模型。模型类似于一组用于执行任务（如文本分词）的规则。它们通常由从文件实例化的类表示。我们将在本章的最后简要讨论如何准备数据来支持 NLP 任务。

NLP 并不容易。虽然有些问题相对容易解决，但还有许多其他问题需要使用复杂的技术。我们将努力让你对自然语言处理有一个基础认识，以便你能够更好地理解哪些技术可用并适用于给定的问题。

NLP 是一个庞大而复杂的领域。在本书中，我们只能解决其中的一小部分。我们将重点介绍可以使用 Java 实现的核心 NLP 任务。在本书中，我们将使用 Java SE SDK 和其他库（如 OpenNLP 和 Stanford NLP）演示许多 NLP 技术。要使用这些库，需要将特定的 API JAR 文件与使用它们的项目相关联。关于这些库的讨论可以参见第 1.4 节，其中给出了这些库的下载链接。本书中的示例是使用 NetBeans 8.0.2 开发的。这些项目需要将 API JAR 文件添加到"项目属性"对话框的"库"类别中。

在本章中，我们将学习以下主题：

- NLP 是什么
- 为什么使用 NLP
- 为什么 NLP 这么难
- NLP 工具汇总

- Java 深度学习
- 文本处理任务概述
- 理解 NLP 模型
- 准备数据

1.1 NLP 是什么

NLP 的正式定义通常是这样的：它是一个使用计算机科学、人工智能（AI）和形式语言学概念来分析自然语言的研究领域。一个不太正式的定义表明：它是一组工具，用于从自然语言源（如 web 页面和文本文档）获取有意义和有用的信息。

有意义和有用意味着它有一定的商业价值，虽然它经常用于学术问题。这一点很容易从它对搜索引擎的支持中看出。使用 NLP 技术处理用户查询，生成用户可以使用的结果页面。现代搜索引擎在这方面已经非常成功。NLP 技术也被用于自动化帮助系统和支持复杂的查询系统，IBM 的 Watson 项目就是一个典型例子。

当我们使用一种语言时，术语语法和语义是经常遇到的。语言的语法指的是控制有效句子结构的规则。例如，英语中常见的句子结构是主语后面跟动词，然后跟宾语，如 "Tim hit the ball"。我们不习惯不寻常的句子顺序，比如 "Hit ball Tim"。虽然英语的语法规则不像计算机语言那样严格，但我们仍然希望句子遵循基本的语法规则。

句子的语义是指它的含义。懂英语的人都明白 "Tim hit the ball" 这个句子的意思。然而，英语和其他自然语言有时可能是模棱两可的，一个句子的意思可能只取决于它的上下文。我们将会看到，各种各样的机器学习技术可以被用来试图推导出一个文本的含义。

随着讨论的深入，我们将介绍许多有助于我们更好地理解自然语言的语言术语，并为我们提供一个通用词汇表来解释各种 NLP 技术。我们将看到如何将文本分割成单个元素，以及如何对这些元素进行分类。

通常，这些方法用于增强应用程序，从而使它们对用户更有价值。NLP 的用途可以从相对简单的用途到推动最前沿科技的用途。在本书中，我们将举例说明一些简单的 NLP 方法，这些方法可能是解决某些问题所需要的全部内容，然后介绍更高级的库和类，以满足复杂的需求。

1.2 为什么使用 NLP

NLP 广泛应用于各种学科，用于解决许多不同类型的问题。文本分析是针对文本执行的，文本范围从因特网中查询用户输入的几个字到需要汇总的多个文档。近年来，我们看到非结构化数据的数量和可用性有了很大的增长。其形式包括博客、推特和其他各种社交媒体。NLP 是分析这类信息的理想方法。

机器学习和文本分析经常用于增强应用程序的实用性。下面是应用领域的简要列表。

- 搜索：它标识文本的特定元素。它可以像在文档中查找名称一样简单，也可以涉及使用同义词和替换拼写或者误拼来查找接近原始搜索字符串的条目。
- 机器翻译：这通常涉及将一种自然语言翻译成另一种语言。
- 提取摘要：段落、文章、文档或文档集合可能需要提取摘要。NLP 已成功地用于这一目的。
- 命名实体识别（NER）：这涉及从文本中提取位置、人员和事物的名称。通常，它与其他 NLP 任务（如处理查询）一起使用。
- 信息分组：这是一个重要的活动，它获取文本数据并创建一组反映文档内容的类别。你可能遇到过许多网站，它们根据你的需要组织数据，并在网站的左侧列出分类。
- 词性（POS）标注：在这个任务中，文本被分成不同的语法元素，例如名词和动词。这对进一步分析文本很有用。
- 情感分析：通过这种方法可以确定人们对电影、书籍和其他产品的感受和态度。这对于提供关于产品的自动反馈是很有用的。
- 回答查询：IBM 的 Watson 在 Jeopardy 竞赛中获胜时就展示了这种处理方法。然而，它的应用并不局限于赢得比赛，还被应用于医学等许多其他领域。
- 语音识别：人类的语音很难分析。在这一领域取得的许多进展都是 NLP 努力的结果。
- 自然语言生成（NLG）：这是一个从数据或知识来源（如数据库）生成文本的过程。它可以自动报告信息，如天气报告或总结医疗报告。

NLP 任务经常使用不同的机器学习技术。一种常见的方法是先训练一个模型来执行一个任务，验证这个模型是正确的，然后将这个模型应用到一个问题上。我们将在 1.7 节中进一步研究这个过程。

1.3 为什么 NLP 这么难

NLP 并不容易，有几个因素使这个过程变得困难。例如，有数百种自然语言，每种语言都有不同的语法规则。当单词的意思取决于上下文时，它们可能是含糊不清的。在这里，我们将研究一些更重要的问题领域。

在字符层面，有几个因素需要考虑。例如，需要考虑用于文档的编码方案。文本可以使用 ASCII、UTF-8、UTF-16 或 Latin-1 等格式进行编码。其他因素，例如文本是否区分大小写，可能需要加以考虑。标点符号和数字可能需要特殊处理。我们有时需要考虑使用表情符号（字符组合和特殊字符图像）、超链接、重复的标点符号（... 或者 ---）、文件扩展名和内嵌句点的用户名。其中许多都是通过预处理文本来处理的，我们将在 1.8 节中对此进行讨论。

当符号化文本时，通常意味着我们将文本分解为一系列单词。这些词称为词项（或符号），这个过程称为分词。当一种语言使用空白字符来描述单词时，这个过程并不太难。对于像汉语这样的语言，它可能是相当困难的，因为它使用独特的符号来表示单词。

单词和语素可能需要分配词性标签，以确定它是什么类型的单元。语素是文本中最小的有意义的单元，例如前缀和后缀。在处理单词时，我们经常需要考虑同义词、缩写、首字母缩写和拼写。

确定词干是另一个可能需要应用的任务。词干分析是找出一个词的词干的过程。例如，单词 "walking"、"walked" 或 "walks" 都有词干 "walk"。搜索引擎经常使用词干分析来帮助查询。

与词干分析密切相关的是词元化。这个过程决定了一个词的基本形式，称为词元。例如，"operating" 这个词，它的词干是 "oper"，但它的词元是 "operate"。词元化是一个比词干分析更精细的过程，它使用词汇和词法技巧来寻找一个词元。在某些情况下，这可以导致更精确的分析。

单词被组合成短语和句子。句子检测不像在句末查找句点那么简单。因为许多地方都有句号，包括缩写词 "Ms." 和数字如 "12.834"。

我们经常需要了解句子中的哪些词是名词，哪些是动词。我们经常关心词与词之间的关系。例如，共指消解决定了一个或多个句子中某些单词之间的关系。想想下面这句话：

"The city is large but beautiful. It fills the entire valley."

"it" 这个词指代 "city"。当一个单词有多个含义时，我们可能需要执行词义消歧（Word-Sense Disambiguation，WSD）来确定其含义，这有时很难做到。例如，"John went back home" 中 "home" 是指房子、城市还是其他地方？它的意思有时可以从使用它的上下文中推断出来。例如，"John went back home. It was situated at the end of a cul-de-sac."。

尽管存在这些困难，但 NLP 能够在大多数情况下很好地执行这些任务，并为许多问题域提供附加价值。例如，可以对客户的推特进行情感分析，从而为不满的客户提供可能的免费产品。医学文件可以很容易地提取摘要，以突出相关的主题和提高生产力。

提取摘要是对不同单元进行简短描述的过程。这些单元可以包括多个句子、段落、一个或多个文档。其目的可能是识别那些传达该单元含义的句子，确定理解该单元的先决条件，或在这些单元中查找条目。通常，文本的上下文对完成这项任务很重要。

1.4　NLP 工具汇总

有许多工具可以支持 NLP。但是其中一些在 Java SE SDK 中是可用的，除了最简单的问题之外，它们的效用都受到了限制。Apache 的 OpenNLP 和 LingPipe 等库为 NLP 问题提供了广泛而复杂的支持。

低级 Java 支持包括字符串库，如 string、StringBuilder 和 StringBuffer。这些类拥有执行搜索、匹配和文本替换的功能。正则表达式使用特殊的编码来匹配子字符串。Java 提供了一组丰富的使用正则表达式的技术。

如前所述，分词器用于将文本分割成单个元素。Java 提供了对分词器的支持：

- String 类型的 split 方法。
- StreamTokenizer 类。
- StringTokenizer 类。

还有一些用于 Java 的 NLP 库（API）。在表 1-1 中可以找到基于 Java 的 NLP API 的部分列表。其中大多数是开源的。此外，还有许多可用的商业 API。我们将重点介绍开源 API。

表　1-1

API	链接
Apertium	http://www.apertium.org/
General Architecture for Text Engineering	https://gate.ac.uk/
Learning Based Java	https://github.com/CogComp/lbjava
LingPipe	http://alias-i.com/lingpipe/
MALLET	http://mallet.cs.umass.edu/
MontyLingua	http://web.media.mit.edu/~hugo/montylingua/
Apache OpenNLP	http://opennlp.apache.org/
UIMA	http://uima.apache.org/
Stanford Parser	http://nlp.stanford.edu/software
Apache Lucene Core	https://lucene.apache.org/core/
Snowball	http://snowballstem.org/

许多 NLP 任务组合在一起形成一个管道。管道由各种 NLP 任务组成，这些任务被集成到一系列步骤中以实现处理目标。支持管道的框架示例有文本工程通用体系结构（General Architecture for Text Engineering，GATE）和 Apache UIMA。

在下一节中，我们将更深入地介绍几个 NLP 的 API，包括这些 API 的功能，并提供每个 API 的相关链接。

1.4.1　Apache OpenNLP

Apache OpenNLP 项目是一个基于机器学习的工具包，用于处理自然语言文本，它处理常见的 NLP 任务，并将贯穿本书。它由执行特定任务、允许对模型进行训练以及支持对模型进行测试的几个组件组成。OpenNLP 使用的一般方法是实例化一个模型，该模型支持来自文件的任务，然后针对该模型执行相关方法来完成任务。

例如，在下面的序列中，我们将对一个简单的字符串进行分词。为了正确执行这段代码，它必须处理 FileNotFoundException 和 IOException 异常。我们使用 try-with-resource 块来使用 en-token.bin 文件打开 FileInputStream 实例。这个文件包含一个使用英语文本训练过的模型：

```
try (InputStream is = new FileInputStream(
        new File(getModelDir(), "en-token.bin"))){
    // Insert code to tokenize the text
} catch (FileNotFoundException ex) {
    ...
} catch (IOException ex) {
    ...
}
```

然后使用 try 块中的这个文件创建 TokenizerModel 类的一个实例。接下来，我们创建一个 Tokenizer 类的实例，如下所示：

```
TokenizerModel model = new TokenizerModel(is);
Tokenizer tokenizer = new TokenizerME(model);
```

然后应用 tokenize 方法，其参数是要分词的文本。该方法返回一个 String 对象数组：

```
String tokens[] = tokenizer.tokenize("He lives at 1511 W."
 + "Randolph.");
```

for-each 语句显示分词结果，如下所示。开括号和闭括号用于清楚地标识每个词项：

```
for (String a : tokens) {
  System.out.print("[" + a + "] ");
}
System.out.println();
```

执行此操作时，将得到以下输出：

```
[He] [lives] [at] [1511] [W.] [Randolph] [.]
```

在本例中，分词器识别出 W. 是一个缩写，而最后一个句点是一个单独的词项，用来标记句子的结尾。

本书中的许多示例使用 OpenNLP API。表 1-2 列出了 OpenNLP 链接。

表　1-2

OpenNLP	网址
官网	https://opennlp.apache.org/
文档	https://opennlp.apache.org/docs/
Javadoc	http://nlp.stanford.edu/nlp/javadoc/javanlp/index.html
下载	https://opennlp.apache.org/cgi-bin/download.cgi
Wiki	https://cwiki.apache.org/confluence/display/OPENNLP/Index%3bjsessionid=3 2B408C73729ACCCDD071D9EC354FC54

1.4.2　Stanford NLP

Stanford NLP 小组进行 NLP 研究并为 NLP 任务提供工具。Stanford CoreNLP 就是这些工具之一。此外，还有其他工具集，如 Stanford 解析器、Stanford POS 标注器和 Stanford 分类器。Stanford 工具支持英语和汉语以及基本的 NLP 任务，包括分词和命名实体识别。

这些工具是在完整的 GPL 下发布的，尽管有商业许可证，但是却不允许在商业应用程序中使用它们。该 API 组织良好，支持核心 NLP 功能。

Stanford 工具组支持几种分词方法。我们将使用 PTBTokenizer 类来演示这个 NLP 库的使用。这里演示的构造函数使用一个 Reader 对象、一个 LexedTokenFactory<T> 参数和一个字符串来指定要使用的选项。

LexedTokenFactory 是由 CoreLabelTokenFactory 和 WordTokenFactory 类实现的接口。前一个类支持保留词项的开始和结束字符位置，而后一个类只是将词项作为字符串返回，没有任何位置信息。默认情况下使用的是 WordTokenFactory 类。

下面的示例使用了 CoreLabelTokenFactory 类。StringReader 是使用字符串创建的。最后一个参数用于选项参数，在本例中设为 null。Iterator 接口由 PTBTokenizer 类实现，允许我们使用 hasNext 和 next 方法来显示词项：

```
PTBTokenizer ptb = new PTBTokenizer(
new StringReader("He lives at 1511 W. Randolph."),
new CoreLabelTokenFactory(), null);
while (ptb.hasNext()) {
  System.out.println(ptb.next());
}
```

输出如下：

```
He
lives
at
1511
W.
Randolph
.
```

在本书中，我们将广泛使用 Stanford NLP 库。在表 1-3 中可以找到 Stanford 的相关链接，主要包括库的文档和下载链接。

表　1-3

Stanford NLP	网址
官网	http://nlp.stanford.edu/index.shtml
CoreNLP	http://nlp.stanford.edu/software/corenlp.shtml#Download
解释器	http://nlp.stanford.edu/software/lex-parser.shtml
POS 标注器	http://nlp.stanford.edu/software/tagger.shtml
java-nlp-user 邮件列表	http://mailman.stanford.edu/mailman/listinfo/java-nlp-user

1.4.3　LingPipe

LingPipe 由一组执行常见 NLP 任务的工具组成，它支持模型训练和测试。该工具有免费版和需要授权版两种版本。免费版本的生产使用是有限制的。

为了演示 LingPipe 的使用，我们将演示如何使用 Tokenizer 类来对文本进行分词。首先声明两个列表，一个用于保存词项，另一个用于保存空格：

```
List<String> tokenList = new ArrayList<>();
List<String> whiteList = new ArrayList<>();
```

接下来，声明一个字符串来保存要分词的文本：

```
String text = "A sample sentence processed \nby \tthe " +
    "LingPipe tokenizer.";
```

现在，创建一个 Tokenizer 类的实例。如下面的代码块所示，使用静态 tokenizer 方法创建基于 Indo-European factory 类的 Tokenizer 类实例：

```
Tokenizer tokenizer = IndoEuropeanTokenizerFactory.INSTANCE.
tokenizer(text.toCharArray(), 0, text.length());
```

然后使用该类的 tokenize 方法填充两个列表：

```
tokenizer.tokenize(tokenList, whiteList);
```

使用 for-each 语句来显示词项：

```
for(String element : tokenList) {
  System.out.print(element + " ");
}
System.out.println();
```

这个示例的输出如下所示：

```
A sample sentence processed by the LingPipe tokenizer
```

在表 1-4 中可以找到 LingPipe 的相关链接。

表　1-4

LingPipe	网址
官网	http://alias-i.com/lingpipe/index.html
教程	http://alias-i.com/lingpipe/demos/tutorial/read-me.html
JavaDocs	http://alias-i.com/lingpipe/docs/api/index.html
下载	http://alias-i.com/lingpipe/web/install.html
核	http://alias-i.com/lingpipe/web/download.html
模型	http://alias-i.com/lingpipe/web/models.html

1.4.4 GATE

GATE 是一组用 Java 编写的工具，由英国谢菲尔德大学开发。它支持许多 NLP 任务和语言，还可以用作 NLP 处理的管道。它支持 API 和 GATE Developer，后者是一个文档查看器，可以显示文本和注释，通过高亮注释来检查文档非常有用。GATE Mimir 是一个用于索引和搜索由各种来源生成的文本的工具。GATE Embedded 是用来将 GATE 功能直接嵌入代码中。在许多 NLP 任务中使用 GATE 涉及少量代码。表 1-5 列出了有用的 GATE 相关链接。

表 1-5

Gate	网址
Home 官网	https://gate.ac.uk/
Documentation 参考资料	https://gate.ac.uk/documentation.html
JavaDocs	https://jenkins.gate.ac.uk/job/GATE-Nightly/javadoc
Download 下载	https://gate.ac.uk/download/
Wiki	https://gatewiki.sf.net/

TwitIE 是一个用于在推特上提取信息的开源通道。它包含以下内容：

- 社交媒体数据语言识别
- 用于处理笑脸、用户名、URL 等的 Twitter 分词器
- 词性标注器
- 文本正则化

它是 GATE Twitter 插件的一部分。表 1-6 列出了所需的链接。

表 1-6

TwitIE	网址
官网	https://gate.ac.uk/wiki/twitie.html
参考资料	https://gate.ac.uk/sale/ranlp2013/twitie/twitie-ranpl2013.pdf?m=1

1.4.5 UIMA

结构化信息标准促进组织（OASIS）是一个专注于面向信息的业务技术的联盟。该联盟开发了非结构化信息管理体系结构（UIMA）标准作为 NLP 管道的框架，由 Apache UIMA 支持。

尽管它支持管道创建，但它也描述了一系列用于文本分析的设计模式、数据表示和用户角色。表 1-7 列出了 UIMA 相关链接。

表　1-7

Apache UIMA	网址
官网	https://uima.apache.org/
参考资料	https://uima.apache.org/documentation.html
JavaDocs	https://uima.apache.org/d/uimaj-2.6.0/apidocs/index.html
下载	https://uima.apache.org/downloads.cgi
Wiki	https://cwiki.apache.org/confluence/display/UIMA/Index

1.4.6　Apache Lucene Core

　　Apache Lucene Core 是一个开放源码库，用于 Java 编写的全功能文本搜索引擎。它使用分词将文本分割成小块，以便为元素建立索引。它还提供了用于分析目的的前向分词和后向分词选项。它支持词干提取、过滤、文本规范化和分词后的同义词扩展。当使用时，它创建一个目录和索引文件，并可用于搜索内容。它不能作为一个 NLP 工具包，但它提供了强大的工具来处理文本和有分词的高级字符串操作。它提供了一个免费的搜索引擎。表 1-8 列出了 Apache Lucene 相关的重要链接。

表　1-8

Apache Lucene	网址
官网	http://lucene.apache.org/
参考资料	https://lucene.apache.org/core/documentation.html
JavaDocs	https://lucene.apache.org/core/7_3_0/core/index.html
下载	https://lucene.apache.org/core/mirrors-core-latest-redir.html?

1.5　Java 深度学习

　　深度学习是机器学习的一部分，是人工智能的一个子集。深度学习的灵感来自于人类大脑的生物功能。它使用神经元等术语来创建神经网络，这些神经网络可以是监督学习的一部分，也可以是非监督学习的一部分。深度学习概念广泛应用于计算机视觉、语音识别、NLP、社交网络分析与过滤、欺诈检测、预测等领域。2010 年，深度学习在图像处理领域证明了自己，在一场图像网络竞赛中，它的表现超越了其他所有人，现在，它已经开始在 NLP 领域显示出良好的效果。深度学习在命名实体识别（NER）、情感分析、词性标注、机器翻译、文本分类、标题生成和问题回答等领域表现良好。

　　这种优秀的阅读可以在 Goldbergs 的 https://arxiv.org/abs/1510.00726 中找到。有各种各样的工具和库可用于深度学习。下面是一些库的列表，可以帮助你入门。

- Deeplearning4J（https://deeplearning4j.org/）：它是一个面向 JVM 的开源、分布式、深度学习库。
- Weka（https://www.cs.waikato.ac.nz/ml/weka/index.html）：它在 Java 中被称为数据挖掘软件，拥有一组支持预处理、预测、回归、集群、关联规则和可视化的机器学习算法。
- 大规模在线分析（MOA）（https://moa.cms.waikato.ac.nz/）：用于实时流。支持机器学习和数据挖掘。
- 用于开发由索引结构支持的 KDD 应用程序的环境（ELKI）（https://elki-project.github.io/）：它是一个专注于研究算法的数据挖掘软件，重点是集群分析和异常值检测中的无监督方法。
- 感知机（http://neuroph.sourceforge.net/index.html）：它是一个轻量级的 Java 神经网络框架，用于开发 Apache Licensee 2.0 下的神经网络体系结构。它还支持用于创建和训练数据集的 GUI 工具。
- Aerosolve（http://airbnb.io/aerosolve/）：就像在网上看到的那样，它是一个面向人类的机器学习包。它是由 Airbnb 开发的，更倾向于机器学习。

你可以在 GitHub 上找到关于 Java 深度学习的大约 366 个资料库（http://github.com/search?l=Java&q=deep+learning&type=Repositories&utf8=%E2%9C%93）。

1.6 文本处理任务概述

尽管可以执行许多 NLP 任务，但我们只关注这些任务的一个子集。这里简要概述了这些任务，这些任务也反映在第 2、3、4、5、6、8、10 和 11 章中。

其中许多任务与其他任务一起使用，以实现目标。随着本书的深入，我们将会看到这一点。例如，分词是一个基本步骤，它经常被用作许多其他任务的初始步骤。

1.6.1 查找文本的各部分

文本可以分解为许多不同类型的元素，如单词、句子和段落。有几种方法可以对这些元素进行分类。这本书的文本分解特指文本分隔成单词，有时称为词项。形态学是研究单词结构的学科。我们将在探索自然语言处理过程中使用一些形态学术语。有很多方法可以对单词进行分类，包括以下几种：

- 简单词：是指一个词的意思的常见的含义，像这个句子中的词都可以算是简单词。
- 语素：这是指有意义的单词的最小单位。例如，在单词 "bounded" 中，"bound" 被认为是一个语素。语素还包括后缀 "ed" 等部分。

- 前缀或后缀：它在一个单词的词根之前或之后。例如，在单词 "graduation" 中，"ation" 是以单词 "graduate" 为后缀的。
- 同义词：这是指一个与另一个单词意思相同的单词。像 "small" 和 "tiny" 这样的词可以被看作同义词。解决这个问题需要消除词义上的歧义。
- 缩写词：这些缩短了一个词的使用。比如我们用 "Mr.Smith" 代替 "Mister Smith"。
- 首字母缩略词：这些被广泛应用于许多领域，包括计算机科学。他们用字母组合来表示短语，比如将 "FORmula TRANslation" 写成 "FORTRAN"。它们可以是递归的，比如 GNU（GUN's Not Unix）。当然，还有我们正在讨论的 NLP。
- 缩略词：我们会发现这些对于常用的单词组合很有用，比如 "we'll" 这种将两个单词合并的写法。
- 数字：一个普通的数字只包含基本的 0~9 十个字符。但是，更复杂的数字可以包含句点和特殊字符，以反映特定基数的科学符号或数字。

识别这些部分对于其他 NLP 任务很有用。例如，要确定一个句子的边界，有必要将其拆开并确定哪些元素终止一个句子。

将文本分解的过程称为分词。分词结果是一组词项，其中决定元素应该被分割到何处的元素称为分隔符。对于大多数英文文本来说，空格用作分隔符。这种类型的分隔符通常包括空白符、制表符（tab）和回车符。

分词可以是简单的，也可以是复杂的。在这里，我们将演示一个使用 String 类型的 split 方法的简单分词。首先，声明一个字符串来保存要分词的文本：

```
String text = "Mr. Smith went to 123 Washington avenue.";
```

split 方法使用一个正则表达式参数来指定如何分割文本。在下面的代码序列中，它的参数是 \\s+ 字符串，这表示一个或多个空格将用作分隔符：

```
String tokens[] = text.split("\\s+");
```

for-each 语句用于显示产生的词：

```
for(String token : tokens) {
  System.out.println(token);
}
```

执行时，输出如下所示：

```
Mr.
Smith
went
to
123
Washington
avenue.
```

在第 2 章中，我们将深入探讨分词过程。

1.6.2　文本断句

我们倾向于认为断句的过程是简单的。因为在英语中，我们只需要查找终止字符，如句号、问号或感叹号。然而，正如我们将在第 3 章中看到的，断句并不总是那么简单。导致句子结尾难查的因素包括 Dr. Smith 或 204 SW. Park Street 等短语中嵌入点号的使用。

这个过程也称为句子边界消歧（SBD）。在英语中的 SBD 比在汉语或日语等有明确的句子分隔符的语言中更为严重。

识别句子（即断句）是有用的，原因有很多。一些 NLP 任务，如词性标注和实体提取，是针对单个句子的。回答问题的应用程序还需要识别单独的句子。为了使这些过程正确工作，必须正确地确定句子边界。

以下示例演示如何使用 Stanford 的 DocumentPreprocessor 类断句。该类将基于简单文本或 XML 文档生成一个句子列表。该类实现了 Iterable 接口，可以在 for-each 语句中轻松使用它。

首先声明一个包含以下句子的字符串：

```
String paragraph = "The first sentence. The second sentence.";
```

基于字符串创建一个 StringReader 对象。该类支持简单的 read 类型方法，并用作 DocumentPreprocessor 构造函数的参数：

```
Reader reader = new StringReader(paragraph);
DocumentPreprocessor documentPreprocessor =
new DocumentPreprocessor(reader);
```

DocumentPreprocessor 对象现在将保存段落中的句子。在下面的语句中，将创建一个字符串列表，并用于保存找到的句子：

```
List<String> sentenceList = new LinkedList<String>();
```

然后处理 documentPreprocessor 对象的每个元素，并由 HasWord 对象的列表组成，如下面的代码块所示。HasWord 元素是表示单词的对象。StringBuilder 的一个实例用于构造语句，将 hasWordList 元素的每个元素添加到列表中。当这个句子已经被建立，它被添加到句子列表中：

```
for (List<HasWord> element : documentPreprocessor) {

  StringBuilder sentence = new StringBuilder();
  List<HasWord> hasWordList = element;
  for (HasWord token : hasWordList) {
      sentence.append(token).append(" ");
  }
  sentenceList.add(sentence.toString());
}
```

然后使用 for-each 语句显示句子：

```
for (String sentence : sentenceList) {
  System.out.println(sentence);
}
```

输出如下所示：

```
The first sentence .
The second sentence .
```

SBD 过程将在第 3 章中深入讨论。

1.6.3　特征工程

特征工程在 NLP 应用开发中起着至关重要的作用，这对于机器学习非常重要，特别是在基于预测的模型中。它是利用领域知识将原始数据转换成特征的过程，从而使机器学习算法能够工作。特征使我们能够更集中地查看原始数据。一旦确定了特征，就进行特征选择以减少数据的维数。在处理原始数据时，将检测模式或特征，但这可能不足以增强训练数据集。特征工程通过提供相关信息来增强训练，这些信息有助于区分数据中的模式。新特征可能无法在原始数据集或提取的特征中捕获或显示。因此，特征工程是一门艺术，需要领域的专业知识。它仍然是一种人类的手艺，也是一些机器还不擅长的东西。

第 6 章中，将展示如何将文本文档表示为在文本文档上不起作用的传统特性。

1.6.4　查找人物和事件

搜索引擎在满足大多数用户需求方面做得很好。人们经常使用搜索引擎来查找企业地址或电影放映时间。文字处理器可以执行简单的搜索，在文本中找到特定的单词或短语。但是，当我们需要考虑其他因素时，例如是否应该使用同义词，或者是否有兴趣查找与主题密切相关的内容时，这个任务可能会变得更加复杂。

例如，假设我们访问一个网站，因为我们想买一台新的笔记本电脑。毕竟，谁不需要一台新的笔记本电脑呢？当你访问该网站时，搜索引擎将找到具有你所寻找功能的笔记本电脑。搜索通常是基于先前对供应商信息的分析。这种分析通常需要处理文本，以获得最终可以提供给客户的有用信息。

演示可以按照类别分组的形式，这些通常显示在 web 页面的左侧。例如，笔记本电脑的类别可能包括诸如 Ultrabook、Chromebook 或按 Hard Disk Size（硬盘大小）分类。图 1-1 说明了这一点，它是亚马逊搜索页面的一部分。

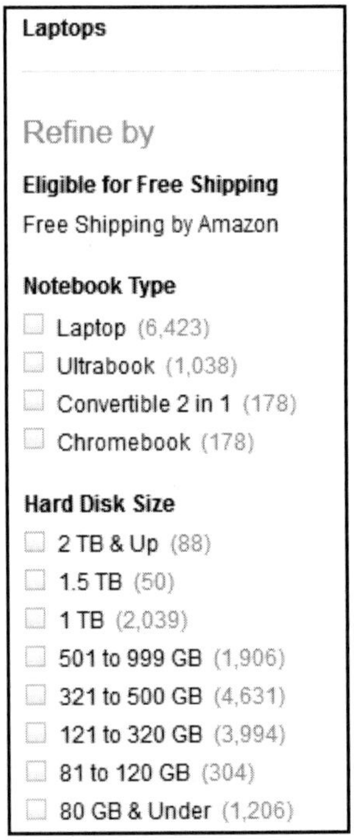

Laptops

Refine by

Eligible for Free Shipping
Free Shipping by Amazon

Notebook Type
☐ Laptop (6,423)
☐ Ultrabook (1,038)
☐ Convertible 2 in 1 (178)
☐ Chromebook (178)

Hard Disk Size
☐ 2 TB & Up (88)
☐ 1.5 TB (50)
☐ 1 TB (2,039)
☐ 501 to 999 GB (1,906)
☐ 321 to 500 GB (4,631)
☐ 121 to 320 GB (3,994)
☐ 81 to 120 GB (304)
☐ 80 GB & Under (1,206)

图　1-1

有些搜索非常简单。例如，String 类和相关类有一些方法，比如 indexOf 和 lastIndexOf 方法，它们可以查找 String 类的出现。在下面的简单示例中，indexOf 方法返回目标字符串出现的位置索引：

```
String text = "Mr. Smith went to 123 Washington avenue.";
String target = "Washington";
int index = text.indexOf(target);
System.out.println(index);
```

这个序列的输出如下所示：

```
22
```

这种方法只对最简单的问题有用。

在搜索文本时，一种常见的技术是使用一种称为反向索引的数据结构。这个过程包括对文本进行分词，识别文本中感兴趣的术语及其位置。然后，将这些术语及其位置存储在反向索引中。当对该术语进行搜索时，将在反向索引中查找它，并检索位置信息。这比每次需要时在文档中搜索术语要快。这种数据结构经常用于数据库、信息检索系统和搜索引擎。

更复杂的搜索可能包括回答诸如 "What are some good restaurants in Boston?" 这样查询，我们可能需要执行实体识别（分辨）来识别查询中的重要术语，执行语义分析来确定查询、搜索的含义，然后对候选响应进行排序。

为了说明查找名称的过程，我们结合使用分词器和 OpenNLP 的 TokenNameFinderModel 类来查找文本中的名称。因为这种技术可能会抛出 IOException，所以我们将使用 try…catch 块来处理它。声明此块和包含句子的字符串数组，如下所示：

```
try {
    String[] sentences = {
        "Tim was a good neighbor. Perhaps not as good a Bob " +
        "Haywood, but still pretty good. Of course Mr. Adam " +
        "took the cake!"};
    // Insert code to find the names here
} catch (IOException ex) {
    ex.printStackTrace();
}
```

在处理句子之前，我们需要对文本进行分词。使用 Tokenizer 类设置分词器，如下所示：

```
Tokenizer tokenizer = SimpleTokenizer.INSTANCE;
```

我们需要使用一个模型来检测句子。这是为了避免将可能跨越句子边界的术语分组。我们将使用基于 en-ner-person.bin 文件中模型的 TokenNameFinderModel 类。从这个文件创建一个 TokenNameFinderModel 实例，如下所示：

```
TokenNameFinderModel model = new TokenNameFinderModel(
new File("C:\\OpenNLP Models", "en-ner-person.bin"));
```

NameFinderME 类将执行查找名称的实际任务。这个类的实例是使用 TokenName-FinderModel 实例创建的，如下所示：

```
NameFinderME finder = new NameFinderME(model);
```

使用 for-each 语句处理每个句子，如下面的代码序列所示。tokenize 方法将把句子分割成词，find 方法返回一个 Span 对象数组。这些对象存储 find 方法标识的名称的起始和结束索引：

```
for (String sentence : sentences) {
    String[] tokens = tokenizer.tokenize(sentence);
    Span[] nameSpans = finder.find(tokens);
    System.out.println(Arrays.toString(
    Span.spansToStrings(nameSpans, tokens)));
}
```

执行时，将形成以下输出：

```
[Tim, Bob Haywood, Adam]
```

第 4 章中主要关注的是名称识别。

1.6.5 词性判断

另一种分类文本的方法是在句子级别。一个句子可以根据类别分解成单独的单词或单词的组合，例如名词、动词、副词和介词。我们大多数人都是在学校里学的。我们还学会了不要用介词来结束一个句子。

词性判断在其他任务中也很有用，比如提取关系和确定文本的含义。确定这些关系称为解析。词性判断处理对于提高发送到管道的其他元素的数据质量非常有用。

词性判断流程的内部可能很复杂。幸运的是，大多数复杂性对我们是隐藏的，并封装在类和方法中。我们将使用两个 OpenNLP 类来说明这个过程。我们需要一个模型来检测词性。POSModel 类将使用 en-pos-maxent.bin 文件中的模型来实例化，如下所示：

```
POSModel model = new POSModelLoader().load(
    new File("../OpenNLP Models/" "en-pos-maxent.bin"));
```

POSTaggerME 类用于执行实际的标签。根据前面的模型创建这个类的实例，如下所示：

```
POSTaggerME tagger = new POSTaggerME(model);
```

接下来，声明一个包含要处理的文本的字符串：

```
String sentence = "POS processing is useful for enhancing the "
    + "quality of data sent to other elements of a pipeline.";
```

在这里，我们将使用 WhitespaceTokenizer 对文本进行分词：

```
String tokens[] = WhitespaceTokenizer.INSTANCE.tokenize(sentence);
```

然后使用 tag 方法查找将结果存储在字符串数组中。

```
String[] tags = tagger.tag(tokens);
```

然后显示词及其相应的标签：

```
for(int i=0; i<tokens.length; i++) {
    System.out.print(tokens[i] + "[" + tags[i] + "] ");
}
```

执行时，将产生以下输出：

```
POS[NNP] processing[NN] is[VBZ] useful[JJ] for[IN] enhancing[VBG]
the[DT] quality[NN] of[IN] data[NNS] sent[VBN] to[TO] other[JJ]
elements[NNS] of[IN] a[DT] pipeline.[NN]
```

每个词后面都有一个缩写词，缩写词包含在括号中，表示词性。例如，"NNP"表示它是一个专有名词。这些缩略语将在第 5 章中讨论，这一章将深入探讨这一主题。

1.6.6　对文本和文档进行分类

分类涉及为文本或文档中找到的信息分配标签。当过程发生时，这些标签可能已知，也可能未知。当标签已知时，这个过程称为分类。当标签未知时，该过程称为聚集。

NLP 中还对分类的过程感兴趣。这是将一些文本元素分配到几个可能的组中的一个的过程。例如，军用飞机可以分为战斗机、轰炸机、侦察机、运输机和救护机。

分类器可以根据它们产生的输出类型来组织。这可以是二分分类器，输出结果是 0 或 1。这种类型通常用于支持垃圾邮件过滤器。其他类型分类器将得到多个可能的类别。

与许多其他 NLP 任务相比，分类更像是一个过程。它涉及我们将在 1.7 节中讨论的步骤，因此将不会在这里说明它。在第 8 章中，我们将研究分类过程，并提供一个详细的例子。

1.6.7　关系提取

关系提取标识文本中存在的关系。例如，"The meaning and purpose of life is plain to see"这句话，我们知道这句话的主题是"The meaning and purpose of life"。它与最后一个短语"plain to see."有关系是显而易见的。

人类可以很好地确定事物之间的相互关系，至少在表层次上是这样。确定深层次的关系可能更加困难。使用计算机来提取关系也很有挑战性。然而，计算机可以处理大量的数据集，发现那些对人类来说不明显或在合理的时间内无法完成的关系。

关系有许多种，例如某物位于何处、两个人如何相互关联、系统的各个部分，以及谁负责。关系提取对于许多任务都很有用，包括构建知识库、执行趋势分析、收集情报和执行产品搜索。提取关系有时被称为文本分析。

我们可以使用几种技术来执行关系提取。在第 10 章中，对此将有更详细的介绍。在这里，我们将演示一种使用 StanfordNLP 的 StanfordCoreNLP 类来识别句子中的关系的技术。

该类支持指定的注释器并将其应用于文本的管道。可以将注释器看作要执行的操作。创建类的实例时，将使用在 java.util 包中找到的 Properties 对象添加注释器。

首先，创建 Properties 类的一个实例。然后，按如下方式分配注释器：

```
Properties properties = new Properties();
properties.put("annotators", "tokenize, ssplit, parse");
```

我们使用了三个注释器，它们指定要执行的操作。在本例中，这些是解析文本所需的最小值。第一个，tokenize，将会对文本分词。ssplit 注释器将所有的词项分割，并组成句子。最后一个注释器 parse 执行语法分析，即对文本的解析。

接下来，使用属性的引用变量创建一个 StanfordCoreNLP 类的实例：

```
StanfordCoreNLP pipeline = new StanfordCoreNLP(properties);
```

然后，创建一个 Annotation 实例，该实例使用文本作为其参数：

```
Annotation annotation = new Annotation(
    "The meaning and purpose of life is plain to see.");
```

对 pipeline 对象应使用 Annotation 方法来处理 annotation 对象。最后，使用 prettyPrint 方法显示处理的结果：

```
pipeline.annotate(annotation);
pipeline.prettyPrint(annotation, System.out);
```

代码输出如下：

```
Sentence #1 (11 tokens):
The meaning and purpose of life is plain to see.
[Text=The CharacterOffsetBegin=0 CharacterOffsetEnd=3 PartOfSpeech=DT]
[Text=meaning CharacterOffsetBegin=4 CharacterOffsetEnd=11 PartOfSpeech=NN]
[Text=and CharacterOffsetBegin=12 CharacterOffsetEnd=15 PartOfSpeech=CC]
[Text=purpose CharacterOffsetBegin=16 CharacterOffsetEnd=23
PartOfSpeech=NN] [Text=of CharacterOffsetBegin=24 CharacterOffsetEnd=26
PartOfSpeech=IN] [Text=life CharacterOffsetBegin=27 CharacterOffsetEnd=31
PartOfSpeech=NN] [Text=is CharacterOffsetBegin=32 CharacterOffsetEnd=34
PartOfSpeech=VBZ] [Text=plain CharacterOffsetBegin=35 CharacterOffsetEnd=40
PartOfSpeech=JJ] [Text=to CharacterOffsetBegin=41 CharacterOffsetEnd=43
PartOfSpeech=TO] [Text=see CharacterOffsetBegin=44 CharacterOffsetEnd=47
PartOfSpeech=VB] [Text=. CharacterOffsetBegin=47 CharacterOffsetEnd=48
PartOfSpeech=.]
    (ROOT
      (S
        (NP
          (NP (DT The) (NN meaning)
            (CC and)
            (NN purpose))
          (PP (IN of)
            (NP (NN life))))
        (VP (VBZ is)
          (ADJP (JJ plain)
            (S
```

```
            (VP (TO to)
              (VP (VB see))))))))
        (. .)))
root(ROOT-0, plain-8)
det(meaning-2, The-1)
nsubj(plain-8, meaning-2)
conj_and(meaning-2, purpose-4)
prep_of(meaning-2, life-6)
cop(plain-8, is-7)
aux(see-10, to-9)
xcomp(plain-8, see-10)
```

输出的第一部分显示文本中的词和词性，然后是一个树状结构，显示句子的结构。最后一部分从语法层面展示了元素之间的关系。考虑以下示例：

```
prep_of(meaning-2, life-6)
```

这说明了介词"of"是如何被用来联系单词的"meaning"和"life"的。这些信息对于许多文本简化任务非常有用。

1.6.8　使用组合方法

如前所述，NLP 问题通常涉及使用多个基本 NLP 任务。为了获得期望的结果，经常在管道中组合这些方法。我们在 1.6.7 节中看到了管道的一种用法，即提取关系。

大多数 NLP 解决方案将使用管道。我们将在第 11 章中提供几个管道示例。

1.7　理解 NLP 方法

无论执行的是 NLP 任务还是使用的是 NLP 工具集，它们都有几个共同的步骤。在本节中，我们将介绍这些步骤。当你阅读本书中介绍的章节和技术时，你将看到这些步骤重复出现，但细节上略有不同。现在，很好地理解它们将简化学习这些技术的任务。

基本步骤包括：
- 识别任务
- 选择模型
- 建立并训练模型
- 验证模型
- 运用模型

我们将在下面这几节中讨论这些步骤。

1.7.1　识别任务

理解需要解决的问题是很重要的。基于这种理解，可以设计出包含一系列步骤的解决方案。这些步骤中的每一步都将使用一个 NLP 任务。

例如，假设我们想回答这样一个问题，"Who is the mayor of Paris?"我们需要将查询解析为词性，确定问题的性质、问题的限定元素，并最终使用其他 NLP 任务创建的知识库来回答问题。

其他问题可能没有这么复杂。我们可能只需要将文本分解为元素，这样文本就可以与某个类别相关联。例如，可以分析供应商的产品描述来确定潜在的产品类别。对一辆汽车的描述进行分析，可以将其归入轿车、跑车、SUV 或小型汽车等类别。

一旦你了解了哪些 NLP 任务是可用的，你就能够更好地将它们与你试图解决的问题进行匹配。

1.7.2　选择模型

我们研究的许多任务都是基于模型的。例如，如果我们需要将文档分割成句子，我们需要一个算法来实现这一点。然而，即使是最好的句子边界检测技术，每次都不会做到百分百正确。因此我们通常选择用模型检查文本的元素，然后使用这些信息来确定哪里出现了断句。

正确的模型取决于正在处理的文本的性质。比如在确定历史文献的句子结尾方面做得很好的模型，在应用于医学文本时可能不会很好。

我们已经创建了许多模型，可以用于手头的 NLP 任务。根据需要解决的问题，我们可以做出明智的决定，哪种模型是最好的。在某些情况下，我们可能需要训练一个新模型。这些决策经常涉及精度和速度之间的权衡。理解问题域和所需的结果质量使我们能够选择适当的模型。

1.7.3　建立并训练模型

训练一个模型是对一组数据执行一个算法，形成模型，然后验证模型的过程。我们可能会遇到这样的情况，即需要处理的文本与我们以前看到和使用过的文本有很大的不同。例如，在处理推文时，使用经过新闻文本训练的模型可能无法很好地工作。这可能意味着现有的模型不能很好地处理这些新数据。当这种情况出现时，我们需要训练一个新的模型。

为了训练一个模型，我们经常会使用那些我们知道正确答案的数据。例如，如果我们处理词性标注，数据中就会标记词性元素（例如名词和动词）。当模型被训练时，它将使用这些信息来创建模型。这个数据集称为语料库。

1.7.4　验证模型

一旦建立了模型，我们需要根据样本集对其进行验证。典型的验证方法是使用已知正确响应的样本集。当模型与这些数据一起使用时，我们能够将其结果与已知的良好结果进行比较，并评估模型的质量。通常，语料库只有一部分用于训练，而另一部分用于验证。

1.7.5 运用模型

运用模型只是将模型应用于手头的问题。细节取决于所使用的模型。在 1.6.5 节中已经演示了这一点，例如我们使用的 POS 模型是从 en-pos-maxent.bin 文件中读取出来的。

1.8 准备数据

在 NLP 中，一个重要的步骤是查找和准备要处理的数据。这包括用于训练目的的数据和需要处理的数据。有几个因素需要考虑。在这里，我们将重点讨论 Java 为处理字符提供的支持。

我们需要考虑字符是如何表示的。虽然我们将主要处理英语文本，但有时候也会碰到其他语言存在的独特问题。这里不仅涉及字符的编码方式不同，还关系到文本的读取顺序不同的问题。例如，日语将文本从右向左排列。

编码的类型有多种，其中包括 ASCII、Latin 和 Unicode 等。表 1-9 提供了更完整的编码格式说明。其中 Unicode 是一种复杂且可扩展的编码方案。

表　1-9

编码	描述
ASCII	使用 128（0~127）个值的字符编码
Latin	有几种拉丁变体使用 256 个值编码。它们包括元音变音和其他字符的各种组合。不同版本的拉丁语被引入到各种印欧语言中，如土耳其语和世界语
Big5	一种双字节编码，用于处理中文字符集
Unicode	Unicode 有三种编码：UTF-8、UTF-16 和 UTF-32。它们分别使用 1、2 和 4 个字节。这种编码能够表示现有的所有已知语言，包括较新的语言，如克林贡语和精灵语

Java 能够处理这些编码方案。javac 可执行文件的 -encoding 命令行选项用于指定要使用的编码方案。在下面的命令行中，指定了 Big5 编码方案：

```
javac -encoding Big5
```

使用基本的 char 数据类型、Character 类和其他几个类和接口支持字符处理，如表 1-10 所示。

表　1-10

字符类型	描述
char	基本数据类型
Character	char 的包装类
CharBuffer	该类支持 char 缓冲区，为 get/put 字符或字符序列操作提供方法
CharSquence	一个由 CharBuffer、Segment、String、StringBuffer 和 StringBuilder 实现的接口。它支持对字符序列的只读访问

Java 还提供了大量的类和接口来支持字符串。表 1-11 对此进行了总结。我们将在许多示例中使用这些方法。String、StringBuffer 和 StringBuilder 类提供类似的字符串处理功能，但在是否可以修改和是否线程安全方面有所不同。CharacterIterator 接口和 StringCharacterIterator 类提供了遍历字符序列的技术。Segment 类表示一个文本片段。

表 1-11

类 / 接口	描述
String	一个不可变的字符串
StringBuffer	表示可修改的字符串，它是线程安全的
StringBuilder	与 StringBuffer 类兼容，但不是线程安全的
Segment	表示字符数组中的文本片段。它提供了对数组中字符数据的快速访问
CharacterIterator	定义文本的迭代器。它支持文本的双向遍历
StringCharacterIterator	实现字符串的 CharacterIterator 接口的类

如果我们从一个文件中读取数据，我们还需要考虑文件格式。通常，数据是从带有标注单词的源获得的。例如，如果我们使用 web 页面作为文本源，我们会发现它是用 HTML 标注的。这些不一定与分析过程相关，可能需要删除。

多用途因特网邮件扩展（MIME）类型用于描述文件使用的格式。表 1-12 列出了常见的文件类型。我们需要显式地删除或更改文件中的标签，或者使用专门的软件来处理它。一些 NLP 的 API 提供了处理专用文件格式的工具。

表 1-12

文档格式	MIME 类型	描述
文本	纯文本 / 文本	简单的文本文件
办公室类型文档	应用程序 / MS Word 应用程序 / vnd. oasis.opendocument.text	微软办公文件 开放式办公文件
PDF	应用程序 /PDF	Adobe 便携式文件格式
HTML	文本 /HTML	网页
XML	文本 /XML	可扩展标记语言
数据库	不适用	数据可以有多种不同的形式

许多 NLP 的 API 都假设数据是干净的。一旦数据出现了不干净的情况，就需要清理，以免我们得到不可靠和误导的结果。

1.9 总结

在这一章中，我们介绍了 NLP 及其应用。我们发现它在许多地方被用来解决许多不同类型的问题，从简单的搜索到复杂的分类问题。从核心字符串支持到高级 NLP 库的支持两个方面介绍了 Java 对 NLP 的支持。使用代码解释和说明了基本的 NLP 任务。深入学习特征工程是如何影响 NLP 的。我们还讨论了训练、验证和使用模型的过程。

在本书中，我们将为使用简单和更复杂的方法来处理基本的 NLP 任务奠定基础。你可能会发现，有些问题只需要简单的方法，在这种情况下，了解如何使用简单的技术可能就足够了。在其他情况下，可能需要更复杂的技术。在这两种情况下，你都需要准备好识别需要哪种工具，并能够为任务选择适当的技术。

下一章，我们将讨论分析的过程，并介绍如何使用它来寻找文本的各部分。

第 **2** 章

查找文本的各部分

查找文本的各部分涉及将文本分解为独立的单元（称为词或词项），并可选地对这些词执行附加处理。这种额外的处理可以包括词干提取、词元化（也称为词形还原）、停用词删除、同义词扩展和文本转换为小写。

我们将演示在标准 Java 发行版中发现的几种分词技术，因为有时这就是你可能需要做的工作。分词技术可能不需要导入 NLP 库，然而这些技术是有限的。然后讨论 NLP 的 API 支持的特定分词器或分词方法。这些示例将为分词器如何使用以及它们产生的输出类型提供参考。接下来是对这两种方法之间差异的简单比较。

有许多专门的分词器。例如，Apache Lucene 项目支持各种语言和专门文档的分词，WikipediaTokenize 类是处理特定于 wiki 的文档的分词器，ArabicAnalyzer 类处理阿拉伯文本。在这里不可能说明所有这些不同的方法。

我们还将研究如何训练特定的分词器来处理特定的文本。当遇到不同形式的文本时，这可能很有用。它通常可以消除编写一个新的和专门的分词器的需要。

接下来，我们将说明如何使用这些分词器来支持特定的操作，比如词干提取、词元化和停用词删除。词性也可以看作是文本部分的特殊实例。这一话题将在第 5 章中进行研究。

因此，我们将在本章涵盖以下主题：

- 分词是什么
- 使用分词器
- NLP 分词器 API
- 了解规范化

2.1 理解文章的各个部分

有许多方法可以对文本的部分进行分类。例如，我们可能关心字符级别的问题，可能需要忽略标点或扩展缩写。在单词级别，我们可能需要执行不同的操作，例如下面的操作：

- 使用词干化、词元化来识别语素

- 扩展缩写和首字母缩写
- 分隔数量单位

我们不能总是用标点来分隔单词，因为标点有时被认为是单词的一部分，例如单词"can't"。我们也可能会关注将多个单词组合成有意义的短语。文本断句也是一个因素。我们并不必将跨越句子边界的单词组在一起。

在本章中，我们主要关注分词过程和一些特殊的技术，比如词干提取。我们不会试图展示分词方法在其他 NLP 任务中是如何使用的。这些将留到之后各章讨论。

2.2　分词是什么

分词是将文本分解成更简单的单元的过程。对于大多数文本，我们关心的是独立单词。分词是根据一组分隔符来分割的。这些分隔符通常是空格字符。Java 中的空格是由 Character 类的 isWhitespace 方法定义的。表 2-1 列出了这些字符。但是，有时可能需要使用一组不同的分隔符。例如，当空格分隔符使文本分隔符（如段落边界）变得模糊时，不同的分隔符可能很有用，检测这些文本分隔符非常重要。

表　2-1

字符	含义
Unicode 空格字符	（空格分隔符、行分隔符、段分隔符）
\t	U+0009 水平制表
\n	U+000A 换行
\u000B	U+000B 垂直制表
\f	U+000C 换页
\r	U+000D 回车
\u001C	U+001C 文件分隔符
\u001D	U+001D 成组分隔符
\u001E	U+001E 记录分隔符
\u001F	U+001F 单元分隔符

分词过程因诸多因素而变得复杂，如下所示。

- 语言：不同的语言带来了独特的挑战。空格是一种常用的分隔符，但如果我们需要使用中文（在中文中不使用空格），空格分隔符就不适用。
- 文本格式：文本通常使用不同的格式存储或显示。相较于简单文本 HTML 或其他标记技术的文本将使分词过程变得复杂。
- 停用词：对于某些 NLP 任务来说，常用单词可能不重要。这些常用词被称为停用词。当停用词对手头的 NLP 任务没有贡献时，它们会被删除。这些词包括"a"、"and"、"she"等。
- 文本扩展：对于缩略词和缩写词，有时需要扩展它们，以便后期处理可以产生更好的质量结果。例如，如果搜索对"machine"这个词感兴趣，了解 IBM 是 International Business Machines 的缩写可能会有用。

- 大小写：单词的大小写在某些情况下可能很重要。单词的大小写可以帮助识别专有名词。在文本分词时，转换为相同的大小写可能有助于简化搜索。
- 词干化和词元化：这些过程会将单词转换为它们的词根。

删除停用词可以节省索引中的空间并使索引过程更快。然而，有些搜索引擎并不删除停用词，因为它们对于某些查询是有用的。例如，在执行精确匹配时，删除停用词将导致错误。而且，NER 任务通常依赖于停用词。要认识到《Romeo and Juliet》是一部戏剧，就必须把"and"这个词包含进去。

有许多定义了停用词的例表。有时，停用词的构成取决于问题域。你可以在 http://www.ranks.nl/stopwords 上找到一个停用词列表。它列出了几类英语停用词和其他语言的停用词。在 http://www.textfixer.com/resources/englishwords.txt 中，你会发现一个逗号分隔格式的英语停用词列表。

表 2-2 是来自 Stanford 的 10 个最受欢迎的停用词（http://library.stanford.edu/blogs/digital-library-blog/2011/12/stopwords-searchworks-be-or-not-be）。

表　2-2

停用词	出现次数
The	7578
Of	6582
And	4106
In	2298
A	1137
To	1033
For	695
On	685
An	289
With	231

我们将重点介绍用于英语文本的分词技术。这通常涉及使用空格或其他分隔符来返回分词列表。

解析与分词密切相关。它们都涉及识别文本的各个部分，但解析也涉及识别语音的各个部分以及它们之间的关系。

使用分词器

分词的输出可用于简单的任务，如拼写检查和处理简单的搜索。它还可用于各种下游 NLP 任务，如词性识别、句子检测和分类。接下来的大部分章节将涉及需要分词的任务。

通常，分词过程只是更大的任务序列中的一个步骤。这些步骤涉及管道的使用，我们将在 2.4.2.3 节中对此进行说明。这突出了为下游任务产生高质量结果的分词器的需求。如果分词器工作不佳，下游任务将受到不利影响。

Java 中有许多不同的分词器和分词技术。有几个 Java 核心类被设计来支持分词。其中一些现在已经过时了。还有一些 NLP 的 API 设计用于解决简单和复杂的分词问题。接下来的两节将研究这些方法。首先，我们将看到 Java 核心类必须提供什么，然后我们将演示一些 NLP API 分词库。

2.3 简单的 Java 分词器

有几个 Java 类支持简单的分词器，如下所示：

- Scanner
- String
- BreakIterator
- StreamTokenizer
- StringTokenizer

虽然这些类提供的支持有限，但是了解如何使用它们是很有用的。对于某些任务，这些类就足够了。当一个 Java 核心类可以完成这项工作时，为什么要使用一个更难于理解和效率更低的方法呢？我们将一一讨论这些类，因为它们支持分词过程。

StreamTokenizer 和 StringTokenizer 类不应该用于新开发。相反，String 类的 split 方法通常是更好的选择。在这里介绍它们是以防你遇到它们不知道是否应该使用它们。

2.3.1 使用 Scanner 类

Scanner 类用于从文本源读取数据。这可能是标准输入，也可能来自文件。它提供了一种简单易用的技术来支持分词。

Scanner 类使用空格作为默认的分隔符。Scanner 类的实例可以使用许多不同的构造函数创建。下面序列中的构造函数使用一个简单的字符串，next 方法从输入流检索下一个词项，词项与字符串隔离，存储到字符串列表中，然后显示。

```java
Scanner scanner = new Scanner("Let's pause, and then "
    + " reflect.");
List<String> list = new ArrayList<>();
while(scanner.hasNext()) {
    String token = scanner.next();
    list.add(token);
}
for(String token : list) {
    System.out.println(token);
}
```

执行时，我们得到以下输出：

```
Let's
pause,
and
then
reflect.
```

这个简单的实现有几个缺点。如果我们需要识别缩写，并进行分词（如第一个词项 "Let's"），则此实现无法做到这一点。此外，句子的最后一个单词被加上句号返回。

指定的分隔符

如果我们对默认的分隔符不满意，我们可以使用几个方法来更改它的行为。表 2-3（https://docs.oracle.com/javase/7/docs/api/java/util/Scanner.html）中总结了其中的几种方法，可以给你提供一些不错的想法。

表 2-3

方法	作用
useLocale	使用区域设置默认匹配的分隔符
useDelimiter	根据字符串或模式设置分隔符
useRadix	指定处理数字时使用的基数
skip	跳过输入匹配模式并忽略分隔符
findInLine	查找忽略分隔符的模式的下一次出现

在这里，我们将演示 useDelimiter 方法的使用。如果我们在 2.3 节示例中的 while 语句之前使用以下语句，那么使用的分隔符只能是空格、撇号和句点。

```java
scanner.useDelimiter("[ ,.]");
```

执行时，将显示以下内容。空白行反映了逗号分隔符的使用。在本例中，它的不良效果是返回一个空字符串作为词项：

```
Let's
pause

and
then
reflect
```

此方法使用在字符串中定义的模式。开括号和闭括号之间用于创建一个字符类。这是一个匹配这三个字符的正则表达式。Java 模式的解释可以在 https://docs.oracle.com/javase/8/docs/api/ 找到。可以使用 reset 方法将分隔符列表重置为空白。

2.3.2　使用 split 方法

我们在第 1 章中演示了字符串类的分割方法。为了方便起见，这里复制一份：

```
String text = "Mr. Smith went to 123 Washington avenue.";
String tokens[] = text.split("\\s+");
for (String token : tokens) {
    System.out.println(token);
}
```

输出如下：

```
Mr.
Smith
went
to
123
Washington
avenue.
```

split 方法也使用了正则表达式。如果我们使用与 2.3.1 节中相同的字符串（“Let's pause, and then reflect.”）替换文本，我们将得到相同的输出。

split 方法有一个重载版本，该版本使用整数指定正则表达式模式应用于目标文本的次数。使用此参数可以在完成指定数目的匹配后停止操作。

Pattern 类也有一个 split 方法。它将基于创建 Pattern 对象的模式拆分其参数。

2.3.3　使用 BreakIterator 类

分词的另一种方法涉及使用 BreakIterator 类。该类支持不同的文本单元定位整数边界。在本节中，我们将演示如何使用它来进行分词。

Break Iterator 类有一个受保护的默认构造函数。我们使用静态 getWordInstance 方法来获取类的实例。此方法使用 Locale 对象重载了一个版本。这个类拥有几个访问边界的方法，如表 2-4 所示。它有一个成员变量 DONE，用来表示找到了最后一个边界。

表　2-4

方法	用处
first	返回文本的第一个边界
next	返回当前边界之后的下一个边界
previous	返回当前边界之前的边界
setText	将字符串与 BreakIterator 实例关联

为了演示这个类，我们声明了一个 BreakIterator 类的实例和一个与其一起使用的字符串：

```
BreakIterator wordIterator = BreakIterator.getWordInstance();
String text = "Let's pause, and then reflect.";
```

然后将文本分配给实例，并确定第一个边界：

```
wordIterator.setText(text);
int boundary = wordIterator.first();
```

接下来的循环将使用 begin 和 end 变量存储单词分隔符的开始和结束边界的索引。边界值是整数。显示每个边界对及其关联的文本。

当找到最后一个边界时，循环终止：

```
while (boundary != BreakIterator.DONE) {
    int begin = boundary;
    System.out.print(boundary + "-");
    boundary = wordIterator.next();
    int end = boundary;
    if(end == BreakIterator.DONE) break;
    System.out.println(boundary + " ["
    + text.substring(begin, end) + "]");
}
```

输出如下，其中括号用于清楚地描述文本：

```
0-5 [Let's]
5-6 [ ]
6-11 [pause]
11-12 [,]
12-13 [ ]
13-16 [and]
16-17 [ ]
17-21 [then]
21-22 [ ]
22-29 [reflect]
29-30 [.]
```

这种技术在基础分词方面做得相当好。

2.3.4　使用 StreamTokenizer 类

在 java.io 包中找到的 StreamTokenizer 类，用于分词输入流。它是一个较老的类，不如在 2.3.5 节中讨论的 StringTokenizer 类灵活。该类的实例通常是基于文件创建的，它将对文件中找到的文本分词。它可以使用字符串构造。

该类使用 nextToken 方法返回流中的下一个词项。返回的词项是一个整数。整数的值反映了返回的词项类型，可以基于词项类型以不同的方式处理。

StreamTokenizer 类的成员变量如表 2-5 所示。

表 2-5

成员变量	数据类型	含义
nval	double	如果当前词项是一个数字，则包含数字
sval	String	如果当前词项是一个单词，则包含该词项
TT_EOF	static int	流的末端的一个常数
TT_EOL	static int	行末端的一个常数
TT_NUMBER	static int	读取的词项数量
TT_WORD	static int	表示单词词项的常数
ttype	int	读取的词项的类型

在本例中，将创建一个分词器，然后声明 isEOF 变量，该变量用于终止循环。nextToken 方法返回词项类型。根据词项类型，显示数字和字符串类型的词项：

```java
try {
    StreamTokenizer tokenizer = new StreamTokenizer(
        newStringReader("Let's pause, and then reflect."));
    boolean isEOF = false;
    while (!isEOF) {
        int token = tokenizer.nextToken();
        switch (token) {
            case StreamTokenizer.TT_EOF:
                isEOF = true;
                break;
            case StreamTokenizer.TT_EOL:
                break;
            case StreamTokenizer.TT_WORD:
                System.out.println(tokenizer.sval);
                break;
            case StreamTokenizer.TT_NUMBER:
                System.out.println(tokenizer.nval);
                break;
            default:
                System.out.println((char) token);
        }
    }
} catch (IOException ex) {
    // Handle the exception
}
```

在执行时，我们得到以下输出：

```
Let
'
```

这不是我们通常所期望的。问题在于分词器使用撇号（单引号字符）和双引号来表示引用的文本。由于没有对应的匹配，字符串的其余部分被忽略了。

我们可以使用 ordinaryChar 方法来指定应该将哪些字符视为普通字符。单引号和逗号字符在这里被指定为普通字符。

```
tokenizer.ordinaryChar('\'');
tokenizer.ordinaryChar(',');
```

将这些语句添加到前面的代码并执行后，我们将得到以下输出：

```
Let
'
s
pause
,
and
then
reflect.
```

单引号现在不是问题了。单引号和逗号字符被视为分隔符，并作为词项返回。还有一个可用的 whitespaceChars 方法，它指定将哪些字符视为空格。

2.3.5 使用 StringTokenizer 类

StringTokenizer 类是在 java.io 包中找到的。它提供了比 StreamTokenizer 类更大的灵活性，并且被设计用于处理来自任何源的字符串。该类的构造函数接受分词的字符串作为其参数，并使用 nextToken 方法返回该词项。如果输入流中存在更多的词项，则 hasmoretoken 方法返回 true。这如下面的序列所示：

```
StringTokenizerst = new StringTokenizer("Let's pause, and "
    + "then reflect.");
while (st.hasMoreTokens()) {
    System.out.println(st.nextToken());
}
```

在执行时，我们得到以下输出：

```
Let's
pause,
and
then
reflect.
```

构造函数是重载的，允许指定分隔符，以及是否应将分隔符作为词项返回。

2.3.6 Java 核心分词的性能考虑

在使用这些 Java 核心分词方法时，有必要简要讨论它们的执行情况。由于影响代码执行的各种因素，有时度量性能可能会比较棘手。说到这里，我们可以找到几个 Java 核心分词技术性能的有趣参考 http://stackoverflow.com/questions/5965767/performance-of-stringtokenizerclass-vs-split-method-in-java。对于正在解决的问题，indexOf 方法是最快的。

2.4　NLP 分词器 API

在本节中，我们将使用 OpenNLP、Stanford 和 LingPipe API 演示几种不同的分词技术。尽管还有许多其他 API 可用，但我们的演示仅限于这些 API。这些示例将让你了解可用的技术。

我们将使用一个名为 paragraph 的字符串来演示这些技术。该字符串包含一个新换行符，它可能出现在实际文本中不希望出现的地方。它在这里定义：

```
private String paragraph = "Let's pause, \nand then +
    + "reflect.";
```

2.4.1　使用 OpenNLPTokenizer 类

OpenNLP 拥有一个 Tokenizer 接口，由 SimpleTokenizer、TokenizerME 和 Whitespace Tokenizer 这三种类实现。这个接口支持两个方法。

- tokenize：它传递一个字符串来进行分词，并以字符串的形式返回一个词项数组。
- tokenizePos：它传递一个字符串并返回一个 Span 对象数组。Span 类用于指定词项的开始和结束偏移量。

这些类中的每一个都将在下面的小节中进行演示。

2.4.1.1　使用 SimpleTokenizer 类

顾名思义，SimpleTokenizer 类执行文本的简易分词。 INSTANCE 实例用于实例化类，如下面的代码序列所示。对 paragraph 变量执行 tokenize 方法，然后得到分词的词项：

```
SimpleTokenizer simpleTokenizer = SimpleTokenizer.INSTANCE;
String tokens[] = simpleTokenizer.tokenize(paragraph);
for(String token : tokens) {
    System.out.println(token);
}
```

在执行时，我们得到以下输出：

```
Let
'
s
pause
,
and
then
reflect
.
```

使用这个分词器，可以将标点作为单独的词项返回。

2.4.1.2　使用 WhitespaceTokenizer 类

顾名思义，这个类使用空格作为分隔符。在下面的代码序列中，将创建分词器的实例，并使用 paragraph 作为输入对其执行 tokenize 方法。然后用 for 语句显示词项。

```
String tokens[] =
 WhitespaceTokenizer.INSTANCE.tokenize(paragraph);
for (String token : tokens) {
    System.out.println(token);
}
```

输出如下：

```
Let's
pause,
and
then
reflect.
```

虽然这并不能分离缩写词和类似的文本单位，但它对于某些应用程序是有用的。该类还拥有一个返回词项边界的 tokizePos 方法。

2.4.1.3　使用 TokenizerME 类

TokenizerME 类使用最大熵（MaxEnt）原理和统计模型创建的模型来执行分词。MaxEnt 模型用于确定数据（在我们的示例中是文本）之间的关系。一些文本来源，如来自各种社交媒体的文本其格式并不规范，而且还使用大量俚语和特殊符号（如表情符号）。统计模型分词器（例如 MaxEnt 模型），可以提高标分词过程的质量。

　　由于该模型的复杂性，在此无法对其进行详细讨论。感兴趣的读者可以从 http://en.wikipedia.org/w/index.php?title=Multinomial_logistic_regression&redirect 网站中找到。

TokenizerModel 类隐藏模型并用于实例化分词器。这个模型必须事先经过训练。在下面的示例中，使用在 en-token.bin 文件中找到的模型实例化一个分词器。这个模型已经被训练用于处理普通的英语文本。

模型文件的位置由 getModelDir 方法返回，你需要实现该方法。返回的值取决于模型在系统中的存储位置。这里的许多模型你可以在 http://opennlp.sourceforge.net/models-1.5/ 中找到。

在创建 FileInputStream 类的实例之后，将输入流用作 TokenizerModel 构造函数的参数。tokenize 方法将生成一个字符串数组，然后是显示词项的代码：

```
try {
    InputStream modelInputStream = new FileInputStream(
        new File(getModelDir(), "en-token.bin"));
    TokenizerModel model = new
        TokenizerModel(modelInputStream);
    Tokenizer tokenizer = new TokenizerME(model);
    String tokens[] = tokenizer.tokenize(paragraph);
    for (String token : tokens) {
        System.out.println(token);
```

```
        }
    } catch (IOException ex) {
        // Handle the exception
    }
```

输出如下：

```
Let
's
pause
,
and
then
reflect
.
```

2.4.2　使用 Stanford 分词器

由几个 Stanford NLP API 类支持分词，其中一些如下：

- PTBTokenizer 类

- DocumentPreprocessor 类

- StanfordCoreNLP 类作为管道

每个示例都将使用前面定义的 paragraph 字符串。

2.4.2.1　使用 PTBTokenizer 类

这个分词器模仿 Penn Treebank 3（PTB）分词器（http://www.cis.upenn.edu/~ Treebank/）。它与 PTB 的不同之处在于它的选项和对 Unicode 的支持。PTBTokenizer 类支持几个较老的构造函数。但是，建议使用三参数构造函数。这个构造函数使用一个 Reader 对象、一个 LexedTokenFactory<T> 参数和一个字符串来指定要使用的选项。

LexedTokenFactory 接口由 CoreLabelTokenFactory 和 WordTokenFactory 类实现。前一个类支持保留词项的开始和结束字符位置，而后一个类只是将词项作为字符串返回，没有任何位置信息。默认情况下使用的是 WordTokenFactory 类。我们将演示这两个类的用法。

下面的示例使用了 CoreLabelTokenFactory 类。StringReader 实例是使用 paragraph 创建的。最后一个参数用于选项，在本例中为 null。迭代器接口由 PTBTokenizer 类实现，允许我们使用 hasNext 和 next 方法来显示词项：

```
PTBTokenizer ptb = new PTBTokenizer(
    new StringReader(paragraph), new
 CoreLabelTokenFactory(),null);
while (ptb.hasNext()) {
    System.out.println(ptb.next());
}
```

输出如下：

```
Let
's
pause
,
and
then
reflect
.
```

可以使用 WordTokenFactory 类获得相同的输出，如下所示：

```
PTBTokenizerptb = new PTBTokenizer(
    new StringReader(paragraph), new WordTokenFactory(), null);
```

CoreLabelTokenFactory 类的功能是通过 PTBTokenizer 构造函数的 options 参数实现的。这些选项提供了一种控制分词器行为的方法。选项包括诸如如何处理引号、如何映射省略号以及是否应该处理英式英语拼写或美式英语拼写等控制。可以在 http://nlp.stanford.edu/nlp/javadoc/javanlp/edu/stanford/nlp/process/PTBTokenizer.html 中找到选项列表。

在下面的代码序列中，PTBTokenizer 对象是使用 CoreLabelTokenFactory 变量 ctf 以及"invertible=true"选项创建的。该选项允许我们获取和使用 CoreLabel 对象，它将为我们提供每个词项的开始和结束位置：

```
CoreLabelTokenFactory ctf = new CoreLabelTokenFactory();
PTBTokenizer ptb = new PTBTokenizer(
    new StringReader(paragraph),ctf,"invertible=true");
while (ptb.hasNext()) {
    CoreLabel cl = (CoreLabel)ptb.next();
    System.out.println(cl.originalText() + " (" +
        cl.beginPosition() + "-" + cl.endPosition() + ")");
}
```

这个序列的输出如下。括号内的数字表示词项的开始和结束位置：

```
Let (0-3)
's (3-5)
pause (6-11)
, (11-12)
and (14-17)
then (18-22)
reflect (23-30)
. (30-31)
```

2.4.2.2   使用 DocumentPreprocessor 类

DocumentPreprocessor 类对来自输入流的输入分词。此外，它实现了 Iterable 接口，使得遍历词项序列变得很容易。该分词器支持简单文本和 XML 数据的分词。

为了演示这个过程，我们将使用 StringReader 类的一个实例，在这里 StringReader 类用了 paragraph 字符串。

```
Reader reader = new StringReader(paragraph);
```

然后实例化 DocumentPreprocessor 类的实例：

```
DocumentPreprocessor documentPreprocessor =
        new DocumentPreprocessor(reader);
```

DocumentPreprocessor 类实现了 Iterable<java.util.List<HasWord>> 接口。HasWord 接口包含两个处理单词的方法：setWord 和 word。后一种方法以字符串的形式返回一个单词。在下面的代码序列中，DocumentPreprocessor 类将输入文本分割成句子存储在 List<HasWord> 中。迭代器对象用于提取一个句子，然后 for-each 语句将显示词项：

```
Iterator<List<HasWord>> it = documentPreprocessor.iterator();
while (it.hasNext()) {
    List<HasWord> sentence = it.next();
    for (HasWord token : sentence) {
        System.out.println(token);
    }
}
```

在执行时，我们得到以下输出：

```
Let
's
pause
,
and
then
reflect
.
```

2.4.2.3 使用管道

在这里，我们将使用 StanfordCoreNLP 类，如第 1 章所示。但是，我们先使用一个更简单的注释器字符串来对段落分词。如下面的代码所示，创建了一个 Properties 对象，并分配了 tokenize 和 ssplit 注释器。tokenize 注释器指定分词过程，而 ssplit 注释将导致句子被分割：

```
Properties properties = new Properties();
properties.put("annotators", "tokenize, ssplit");
```

接下来创建 StanfordCoreNLP 类和 Annotation 类：

```
StanfordCoreNLP pipeline = new StanfordCoreNLP(properties);
Annotation annotation = new Annotation(paragraph);
```

执行 annotate 方法来对文本分词，然后使用 prettyPrint 方法显示词项：

```
pipeline.annotate(annotation);
pipeline.prettyPrint(annotation, System.out);
```

显示各种统计数据，然后输出词项的位置信息，如下所示。

```
Sentence #1 (8 tokens):
Let's pause,
and then reflect.
[Text=Let CharacterOffsetBegin=0 CharacterOffsetEnd=3] [Text='s
CharacterOffsetBegin=3 CharacterOffsetEnd=5] [Text=pause
CharacterOffsetBegin=6 CharacterOffsetEnd=11] [Text=,
CharacterOffsetBegin=11 CharacterOffsetEnd=12] [Text=and
CharacterOffsetBegin=14 CharacterOffsetEnd=17] [Text=then
CharacterOffsetBegin=18 CharacterOffsetEnd=22] [Text=reflect
CharacterOffsetBegin=23 CharacterOffsetEnd=30] [Text=.
CharacterOffsetBegin=30 CharacterOffsetEnd=31]
```

2.4.2.4　使用 LingPipe 分词器

　　LingPipe 支持许多分词器。在本节中，我们将演示 IndoEuropeanTokenizerFactory 类的用法。在后面的部分中，我们将演示 LingPipe 支持分词的其他方法。它的 INSTANCE 成员变量提供了一个印欧语系分词器的实例。tokenizer 方法根据要处理的文本返回 Tokenizer 类的实例，如下所示：

```
char text[] = paragraph.toCharArray();
TokenizerFactory tokenizerFactory =
 IndoEuropeanTokenizerFactory.INSTANCE;
Tokenizer tokenizer = tokenizerFactory.tokenizer(text, 0,
 text.length);
for (String token : tokenizer) {
    System.out.println(token);
}
```

　　输出如下：

```
Let
'
s
pause
,
and
then
reflect
.
```

　　这些分词器支持普通文本的分词。在 2.4.3 节中，我们将演示如何训练分词器来处理独特的文本。

2.4.3　训练分词器找出文本的各部分

　　当我们遇到标准分词器处理不好的文本时，训练分词器是很有用的。我们可以创建一个分词器模型来执行分词，而不是编写一个传统分词器。

　　为了演示如何创建这样的模型，我们将从文件中读取训练数据，然后使用这些数据训练模型。数据存储为一系列由空格和 <SPLIT> 变量分隔的单词。这个 <SPLIT> 变量用于提供关于如何确定词项的进一步信息。它们可以帮助识别数字（如 23.6）和标点字符（如逗号）之间的间隔。我们将使用的训练数据存储在 training-data.train 文件，如下所示：

```
These fields are used to provide further information about how tokens
should be identified<SPLIT>.
They can help identify breaks between numbers<SPLIT>, such as 23.6<SPLIT>,
punctuation characters such as commas<SPLIT>.
```

我们使用的数据并不代表唯一的文本，但它确实说明了如何注释文本和用于训练模型的过程。

我们将使用 OpenNLP 的 TokenizerME 类的重载 train 方法来创建一个模型。最后两个参数需要进一步解释。MaxEnt 用于确定文本元素之间的关系。

我们可以指定模型在被包含到模型中之前必须处理的特征的数量。这些特征可以看作是模型的各个方面。迭代次数指的是确定模型参数时训练过程进行的次数。表 2-6 是一些 TokenME 类参数。

表　2-6

参数	用法
String	所用语言的代码
ObjectStream<TokenSample>	包含训练数据的 ObjectStream 参数
boolean	如果为真，则忽略字母数字数据
int	指定处理一个特征的次数
int	用于训练 MaxEnt 模型的迭代次数

在下面的示例中，我们首先定义一个 BufferedOutputStream 对象，它将用于存储新模型。本例中使用的几个方法将生成异常，这些异常在 catch 块中处理：

```
BufferedOutputStream modelOutputStream = null;
try {
    ...
} catch (UnsupportedEncodingException ex) {
    // Handle the exception
} catch (IOException ex) {
    // Handle the exception
}
```

使用 PlainTextByLineStream 类创建 ObjectStream 类的实例。它使用训练文件和字符编码方案作为其构造函数参数。这用于创建 TokenSample 对象的第二个 ObjectStream 实例。这些对象是包含词项的跨度信息的文本：

```
ObjectStream<String> lineStream = new PlainTextByLineStream(
    new FileInputStream("training-data.train"), "UTF-8");
ObjectStream<TokenSample> sampleStream =
    new TokenSampleStream(lineStream);
```

现在可以使用 train 方法，如下面的代码所示。语言指定为英语，忽略字母数字信息，特征值和迭代次数分别设置为 5 和 100：

```
TokenizerModel model = TokenizerME.train(
    "en", sampleStream, true, 5, 100);
```

表 2-7 详细给出了 train 方法的参数。

表 2-7

参数	含义
Language code	指定使用的自然语言的字符串
Samples	示例文本
Alphanumeric optimization	如果为真，则跳过字母数字
Cutoff	处理一个特征的次数
Iterations	训练模型执行的迭代次数

下面的代码序列将创建一个输出流，然后将模型写到 mymodel.bin 文件中。然后就可以使用这个模型了。

```
BufferedOutputStream modelOutputStream = new
 BufferedOutputStream(
    new FileOutputStream(new File("mymodel.bin")));
model.serialize(modelOutputStream);
```

这里不讨论输出的细节。然而，它基本上记录了训练过程。序列的输出如下所示，但是最后一部分被缩短了，为了节省空间，大部分迭代步骤都被删除了：

```
    Indexing events using cutoff of 5
    Dropped event F:[p=2, s=3.6,, p1=2, p1_num, p2=bok, p1f1=23, f1=3,
f1_num, f2=., f2_eos, f12=3.]
    Dropped event F:[p=23, s=.6,, p1=3, p1_num, p2=2, p2_num, p21=23,
p1f1=3., f1=., f1_eos, f2=6, f2_num, f12=.6]
    Dropped event F:[p=23., s=6,, p1=., p1_eos, p2=3, p2_num, p21=3.,
p1f1=.6, f1=6, f1_num, f2=,, f12=6,]
    Computing event counts...  done. 27 events
    Indexing...  done.
Sorting and merging events... done. Reduced 23 events to 4.
Done indexing.
Incorporating indexed data for training...
done.
    Number of Event Tokens: 4
        Number of Outcomes: 2
    Number of Predicates: 4
...done.
Computing model parameters ...
Performing 100 iterations.
    1:  ...loglikelihood=-15.942385152878742   0.8695652173913043
    2:  ...loglikelihood=-9.223608340603953   0.8695652173913043
    3:  ...loglikelihood=-8.222154969329086   0.8695652173913043
    4:  ...loglikelihood=-7.885816898591612   0.8695652173913043
    5:  ...loglikelihood=-7.674336804488621   0.8695652173913043
```

```
      6:  ...loglikelihood=-7.494512270303332  0.8695652173913043
    Dropped event T:[p=23.6, s=,, p1=6, p1_num, p2=., p2_eos, p21=.6,
  p1f1=6,, f1=,, f2=bok]
      7:  ...loglikelihood=-7.327098298508153  0.8695652173913043
      8:  ...loglikelihood=-7.1676028756216965  0.8695652173913043
      9:  ...loglikelihood=-7.014728408489079  0.8695652173913043
      ...
    100:  ...loglikelihood=-2.3177060257465376  1.0
```

我们可以使用这个模型，如下面的序列所示。这与我们在 2.4.1.3 节中使用的技术相同，唯一不同的是这里使用的模型：

```
try {
    paragraph = "A demonstration of how to train a
 tokenizer.";
    InputStream modelIn = new FileInputStream(new File(
        ".", "mymodel.bin"));
    TokenizerModel model = new TokenizerModel(modelIn);
    Tokenizer tokenizer = new TokenizerME(model);
    String tokens[] = tokenizer.tokenize(paragraph);
    for (String token : tokens) {
        System.out.println(token);
} catch (IOException ex) {
    ex.printStackTrace();
}
```

输出如下：

```
A
demonstration
of
how
to
train
a
tokenizer
.
```

2.4.4　分词器比较

表 2-8 简要比较了 NLP API 分词器。生成的词项列在分词器的名称下。它们都基于同一个文本 "Let's pause, and then reflect."。请记住，输出是基于类的简单使用。示例中可能不包含影响词项生成方式的选项，其目的是简单地显示基于样例代码和数据的预期输出类型。

表　2-8

简单分词器	空格分词器	Tokenizer ME	PTB 分词器	文本处理器	IndoEuropean Tokenizer Factory
Let	Let's	Let	Let	Let	Let
'	pause,	's	's	's	'
s	and	pause	pause	pause	s

（续）

简单分词器	空格分词器	Tokenizer ME	PTB 分词器	文本处理器	IndoEuropean Tokenizer Factory
pause	then	,	,	,	pause
,	reflect.	and	and	and	,
and		then	then	then	and
then		reflect	reflect	reflect	then
reflect		.	.	.	reflect
.					.

2.5　了解规范化

规范化是将单词列表转换为更一致的序列的过程。这对于文本的后续处理很有用。通过将单词转换为标准格式，其他操作才能够更好地处理数据，而不必处理可能会影响处理过程的问题。例如，将所有单词转换为小写字母将简化搜索过程。

规范化过程可以改善文本匹配。例如，"modem router"有几种表达方式，如"modem and router""modem & router""modem/router"和"modem-router"。通过将这些单词规范化为通用形式，可以更容易地向购物者提供正确的信息。

然而规范化过程也可能危及 NLP 任务。当大小写很重要时，转换成小写字母会降低搜索的可靠性。

规范化操作可以包括以下内容：

- 字符更改为小写
- 缩写词扩展
- 删除停用词
- 词干化和词元化

除了缩写词扩展之外，其他方法都将一一说明。缩写词扩展类似于移除停用词的技术，只是缩写词被它们的扩展版本替换了。

2.5.1　转换成小写

将文本转换为小写字母是一个可以改进搜索结果的简单过程。我们可以使用 Java 方法，比如 String 类的 toLowerCase 方法，或者使用一些 NLP 的 API 中的功能，比如 LingPipe 的 LowerCaseTokenizerFactory 类。这里演示了 toLowerCase 方法：

```
String text = "A Sample string with acronyms, IBM, and UPPER "
    + "and lowercase letters.";
String result = text.toLowerCase();
System.out.println(result);
```

输出如下：

```
a sample string with acronyms, ibm, and upper and lowercase letters.
```

LingPipe 的 LowerCaseTokenizerFactory 方法将在 2.5.5 节中进行说明。

2.5.2　删除停用词

有几种方法可以删除停用词。一个简单的方法是创建一个类来保存和删除停用词。另外，一些 NLP 的 API 提供了对停用词删除的支持。我们将创建一个名为 StopWords 的简单类来演示第一种方法。然后，我们将使用 LingPipe 的 EnglishStopTokenizerFactory 类来演示第二种方法。

2.5.2.1　创建一个 StopWords 类

删除停用词的过程包括检查单词流，将它们与停用词列表进行比较，然后从流中删除停用词。为了演示这种方法，我们将创建一个支持基本操作的简单类，如表 2-9 所示。

表　2-9

构造函数 / 方法	用法
默认构造函数	使用默认的停用词集合
单参数构造函数	使用存储在文件中的停用词
addStopWord	在内部列表中添加一个新的停用词
removeStopWords	接受一个单词数组并返回一个删除了停用词后的新单词数组

创建一个名为 StopWords 的类，它声明两个实例变量，如下面的代码块所示 defaultStop-Words 变量是一个保存默认停用词列表的数组。HashSet 变量的 stopWords 列表用于保存处理过程中的停用词：

```
public class StopWords {

    private String[] defaultStopWords = {"i", "a", "about", "an",
        "are", "as", "at", "be", "by", "com", "for", "from", "how",
        "in", "is", "it", "of", "on", "or", "that", "the", "this",
        "to", "was", "what", "when", where, "who", "will", "with"};

    private static HashSet stopWords  = new HashSet();
    ...
}
```

接下来是类的两个构造函数，它们填充 HashSet：

```
public StopWords() {
    stopWords.addAll(Arrays.asList(defaultStopWords));
}

public StopWords(String fileName) {
    try {
        BufferedReader bufferedreader =
                new BufferedReader(new FileReader(fileName));
```

```
        while (bufferedreader.ready()) {
            stopWords.add(bufferedreader.readLine());
        }
    } catch (IOException ex) {
        ex.printStackTrace();
    }
}
```

addStopWord 方法可以很方便地添加额外的单词：

```
public void addStopWord(String word) {
    stopWords.add(word);
}
```

使用 removeStopWords 方法来删除停用词。它创建 ArrayList 来保存传递给方法的原始单词。for 循环用于从这个列表中删除停用词。contains 方法将确定提交的单词是否为停用词，如果是，则删除它。ArrayList 用于转换成一个字符串数组，然后返回。如下所示：

```
public String[] removeStopWords(String[] words) {
    ArrayList<String> tokens =
        new ArrayList<String>(Arrays.asList(words));
    for (int i = 0; i < tokens.size(); i++) {
        if (stopWords.contains(tokens.get(i))) {
            tokens.remove(i);
        }
    }
    return (String[]) tokens.toArray(
        new String[tokens.size()]);
}
```

下面的序列说明了如何使用停用词。首先，我们使用默认构造函数声明 StopWords 类的一个实例。然后声明 OpenNLP 的 SimpleTokenizer 类并定义示例文本，如下所示：

```
StopWords stopWords = new StopWords();
SimpleTokenizer simpleTokenizer = SimpleTokenizer.INSTANCE;
paragraph = "A simple approach is to create a class "
    + "to hold and remove stopwords.";
```

示例文本被分词，然后传递给 removeStopWords 方法，得到新的分词列表：

```
String tokens[] = simpleTokenizer.tokenize(paragraph);
String list[] = stopWords.removeStopWords(tokens);
for (String word : list) {
    System.out.println(word);
}
```

在执行时，我们得到以下输出。不删除"A"，因为它是大写的，而该类不执行大小写转换：

```
A
simple
approach
create
class
hold
```

```
remove
stopwords
.
```

2.5.2.2　使用 LingPipe 删除停用词

LingPipe 拥有 EnglishStopTokenizerFactory 类，我们将使用它来识别和删除停用词。这个列表中的单词可以在 http://www.alias-i.com/lingpipe/docs/api/com/aliasi/tokenizer/EnglishStopTokenizerFactory.html 找到。它们包括像 a、was、but、he、for 这样的单词。

factory 类的构造函数需要一个 TokenizerFactory 实例作为它的参数。我们将使用 factory 的 tokenizer 方法来处理单词列表并删除停用词。我们首先声明要分词的字符串：

```
String paragraph = "A simple approach is to create a class "
    + "to hold and remove stopwords.";
```

接下来，我们创建一个基于 IndoEuropeanTokenizerFactory 类的 TokenizerFactory 实例。然后我们使用 factory 作为参数来创建我们的 EnglishStopTokenizerFactory 实例：

```
TokenizerFactory factory =
 IndoEuropeanTokenizerFactory.INSTANCE;
factory = new EnglishStopTokenizerFactory(factory);
```

使用 LingPipe 的 Tokenizer 类和 factory 的 tokenizer 方法，处理在 paragraph 变量中声明的文本。tokenizer 方法需要一个 char 数组、一个起始位置索引及其长度作为参数：

```
Tokenizer tokenizer = factory.tokenizer(paragraph.toCharArray(),
    0, paragraph.length());
```

下面的 for-each 语句将遍历修改后的列表：

```
for (String token : tokenizer) {
    System.out.println(token);
}
```

输出如下：

```
A
simple
approach
create
class
hold
remove
stopwords
.
```

注意，虽然字母“A”是一个停用词，但它并没有从词项列表中删除。这是因为停用词列表使用的是小写“a”，而不是大写“A”。我们将在 2.5.5 节中纠正这个问题。

2.5.3　使用词干分析

找到词干需要去掉所有前缀或后缀，剩下的就是词干。识别词干非常有助于发现相似的文本。例如，搜索可能要查找如"book"这样的单词出现，有许多单词包含这个单词，如books、booked、bookings 和 bookmark，在文档中查找它们的出现是很有用的，在许多情况下，这可以提高搜索的质量。

词干分析器可能会产生一个不是真字的词干。例如，它可能使 bounties、bounty 和bountiful 都有相同的词干 bounti。这对搜索仍然很有用。

与词干化相似的是词元化。这是发现词元的过程，词元的形式可以在字典中找到。这对某些搜索也很有用。词干化通常被认为是一种更原始的技术，在这种技术中，要想找到一个单词的词根（root），需要切断词项的开头和结尾部分。

词元化可以被认为是一种更复杂的方法，这种方法致力于发现词的形态或词汇意义。例如，单词"having"有一个"hav"的词干，而它的词元是"have"。同样，单词"was"和"been"有不同的词干，但有相同的词元"be"。

词元化常常比词干化使用更多的计算资源。它们各有其用，它们的效用取决于需要解决的问题。

2.5.3.1　使用 Porter Stemmer

Porter Stemmer 是英语中常用的词干分析器。它的主页为 https://tartarus.org/martin/PorterStemmer/。它使用五个步骤来将一个单词词干化：

1. 改变复数、简单的现在分词、过去式和过去分词，以及将"y"转化为"i"，例如"agreed"将会被改为"agree"，"sleepy"将会被改为"sleepi"。

2. 将双后缀改为单后缀，如"specialization"改为了"specialize"。

3. 如同步骤 2 改变中剩下的单词，将"specialize"改为"special"。

4. 通过将"special"更改为"speci"来更改剩余的单个后缀。

5. 在尾部删除"e"或删除双字母，例如"attribute"将改变为"attribu"或者将"will"改变为"wil"。

虽然 Apache OpenNLP 1.5.3 不包含 PorterStemmer 类，但是可以从 https://svn.apache.org/repos/asf/opennlp/trunk/opennlp-tools/src/main/java/opennlp/tools/stemmer/PorterStemmer.java 下载其源代码，然后可以将其添加到你的项目中。

在下面的示例中，我们将针对一组单词演示 PorterStemmer 类。输入很可能来自其他文本源。创建 PorterStemmer 类的一个实例，然后将其 stem 方法应用于数组中的每个单词。

```
String words[] = {"bank", "banking", "banks", "banker", "banked",
    "bankart"};
PorterStemmer ps = new PorterStemmer();
for(String word : words) {
    String stem = ps.stem(word);
    System.out.println("Word: " + word + "  Stem: " + stem);
}
```

执行时，得到如下输出：

```
Word: bank   Stem: bank
Word: banking  Stem: bank
Word: banks  Stem: bank
Word: banker   Stem: banker
Word: banked   Stem: bank
Word: bankart   Stem: bankart
```

最后一个单词"bankart"通常与单词"lesion"结合使用，"bankart lesion"是指肩膀的一种伤，和前面的单词没有太大关系。它确实表明，在寻找词干时只使用常用词缀。

在表 2-10 中可以找到其他可能有用的 PorterStemmer 类方法。

表　2-10

方法	含义
add	这将一个 char 添加到当前词干的末尾
stem	如果出现不同的词干，不带参数的方法将返回 true
reset	重新设置词干分析器，这样就可以使用不同的单词

2.5.3.2　LingPipe 词干分析

PorterStemmerTokenizerFactory 类用于查找使用 LingPipe 的词干。在本例中，我们将使用前一节单词数组，IndoEuropeanTokenizerFactory 类用于执行分词，然后使用 Porter Stemmer 对其词干化。这些类的定义如下：

```
TokenizerFactory tokenizerFactory =
 IndoEuropeanTokenizerFactory.INSTANCE;
TokenizerFactory porterFactory =
    new PorterStemmerTokenizerFactory(tokenizerFactory);
```

接下来声明保存词干的数组。我们重用前面部分中声明的 words 数组。每个单词都是单独处理的，分词后其词干存储在 stems 中，然后显示这些单词和它们的词干：

```
String[] stems = new String[words.length];
for (int i = 0; i < words.length; i++) {
Tokenization tokenizer = new Tokenization(words[i],porterFactory);
stems = tokenizer.tokens();
System.out.print("Word: " + words[i]);
for (String stem : stems) {
    System.out.println("  Stem: " + stem);
}
}
```

在执行时，我们将得到以下输出：

```
Word: bank   Stem: bank
Word: banking  Stem: bank
Word: banks  Stem: bank
Word: banker   Stem: banker
Word: banked   Stem: bank
Word: bankart  Stem: bankart
```

我们已经使用 OpenNLP 和 LingPipe 示例演示了 Porter Stemmer。值得注意的是，还有其他类型的词干分析器可用，包括 n-gram 和各种概率和算法的混合方法。

2.5.4　使用词元化

许多 NLP 的 API 支持词元化。在本节中，我们将演示如何使用 StanfordCoreNLP 和 OpenNLPLemmatizer 类。词元化的目标是单词的词元。词元可以被认为是一个单词在字典的形式。例如，"was"的词元是"be"。

2.5.4.1　使用 StanfordLemmatizer 类

我们将使用带有管道的 StanfordCoreNLP 类来演示词元化。我们首先使用四个注释器（包括 lemma）设置管道，如下所示：

```
StanfordCoreNLP pipeline;
Properties props = new Properties();
props.put("annotators", "tokenize, ssplit, pos, lemma");
pipeline = new StanfordCoreNLP(props);
```

这些必要的注释器功能如表 2-11 所示。

表　2-11

注释器	待执行的操作
tokenize	分词
ssplit	句子分割
pos	词性标注
lemma	词元化
ner	命名实体识别
parse	语法分析
dcoref	共指消解

将 Annotation 构造函数传入 paragraph 变量，然后执行 annotate 方法，如下所示：

```
String paragraph = "Similar to stemming is Lemmatization. "
    +"This is the process of finding its lemma, its form " +
    +"as found in a dictionary.";
Annotation document = new Annotation(paragraph);
pipeline.annotate(document);
```

现在我们需要遍历句子和句子中的词项。Annotation 和 CoreMap 类的 get 方法将返回指定类型的值。如果没有指定类型的值，则返回 null。我们将使用这些类来获得词元列表。

首先，返回一个句子列表，然后处理每个句子中的每个单词以查找词元。sentence 和 lemmas 的列表在声明如下：

```
List<CoreMap> sentences =
    document.get(SentencesAnnotation.class);
List<String> lemmas = new LinkedList<>();
```

两个 for-each 语句遍历这些语句以填充 lemmas 列表。完成后，显示列表：

```
for (CoreMap sentence : sentences) {
    for (CoreLabelword : sentence.get(TokensAnnotation.class)) {
        lemmas.add(word.get(LemmaAnnotation.class));
    }
}

System.out.print("[");
for (String element : lemmas) {
    System.out.print(element + " ");
}
System.out.println("]");
```

这个序列的输出如下：

```
[similar to stem be lemmatization . this be the process of find its
lemma , its form as find in a dictionary . ]
```

将它与最初的测试进行比较，我们可以看到它做得非常好。

```
Similar to stemming is Lemmatization. This is the process of finding
its lemma, its form as found in a dictionary.
```

2.5.4.2 在 OpenNLP 中使用词元化

OpenNLP 还支持使用 JWNLDictionary 类进行词元化。该类的构造函数使用一个字符串，该字符串包含用于标识词根的字典文件的路径。我们使用普林斯顿大学开发的 WordNet 词典（wordNet.princeton.edu）。实际的字典是存储在目录中的一系列文件，这些文件包含单词及其词根列表。对于本节使用的字典存放在 https://code.google.com/p/xssm/downloads/detail?name=SimilarityUtils.zip&can=2&q=。

JWNLDictionary 类的 getLemmas 方法传递我们要处理的单词和指定单词的词性。如果我们想要得到准确的结果，词性与实际的单词类型匹配是很重要的。

在下面的代码序列中，我们创建 JWNLDictionary 类的一个实例。这是字典的位置以 \dict\ 结尾。我们还定义了示例文本。构造函数可以抛出 IOException 和 JWNLException，我们 try...catch 块处理这两个异常。

```
try {
    dictionary = new JWNLDictionary("...\dict\");
    paragraph = "Eat, drink, and be merry, for life is but a dream";
    ...
} catch (IOException | JWNLException ex)
    //
}
```

在文本初始化之后添加以下语句。首先，我们使用 2.4.1.2 节中提到的 WhitespaceTokenizer 类对字符串进行分词。然后，用一个空字符串作为词性类型的每个词项传递给 getLemmas 方法。然后显示原始词项及其词元：

```
String tokens[] =
    WhitespaceTokenizer.INSTANCE.tokenize(paragraph);
for (String token : tokens) {
    String[] lemmas = dictionary.getLemmas(token, "");
    for (String lemma : lemmas) {
        System.out.println("Token: " + token + "  Lemma: "
            + lemma);
    }
}
```

输出如下：

```
Token: Eat,  Lemma: at
Token: drink,  Lemma: drink
Token: be  Lemma: be
Token: life  Lemma: life
Token: is  Lemma: is
Token: is  Lemma: i
Token: a  Lemma: a
Token: dream  Lemma: dream
```

除了 "is" 返回两个词元外，这个词元化过程工作得很好。"is" 的第二个词元是无效的。这说明了使用适当词性的重要性。我们可以使用一个或多个词性标注作为 getLemmas 方法的参数。然而，这产生了一个问题：我们如何确定正确的词性？这个话题在第 5 章中进行了详细的论述。

表 2-12 列出了词性标签的简短列表，来源于 https://www.ling.upenn.edu/courses/Fall_2003/ling001/penn_treebank_pos.html。完整的宾夕法尼亚大学（Penn）树库标记集列表可以在 http://www.comp.leeds.ac.uk/ccalas/tagsets/upenn.html 找到。

表 2-12

标注	描述
JJ	形容词
NN	单数名词或集合名词
NNS	复数名词
NNP	单数专有名词

(续)

标注	描述
NNPS	复数专有名词
POS	所有格结束词
PRP	人称代词
RB	副词
RP	助词
VB	动词，基本形式
VBD	动词，过去式
VBG	动词，动名词或现在分词

2.5.5 使用管道进行标准化处理

在本节中，我们将使用管道来组合许多标准化技术。为了演示这个过程，我们扩展了
2.5.2.2 节中的例子。我们将添加两个额外的工厂 LowerCaseTokenizerFactory 和 PorterStemmer-
TokenizerFactory 来标准化文本。

在创建 EnglishStopTokenizerFactory 之前添加工厂 LowerCaseTokenizerFactory，在创建
EnglishStopTokenizerFactory 之后添加工厂 PorterStemmerTokenizerFactory，如下所示：

```
paragraph = "A simple approach is to create a class "
    + "to hold and remove stopwords.";
TokenizerFactory factory =
    IndoEuropeanTokenizerFactory.INSTANCE;
factory = new LowerCaseTokenizerFactory(factory);
factory = new EnglishStopTokenizerFactory(factory);
factory = new PorterStemmerTokenizerFactory(factory);
Tokenizer tokenizer =
    factory.tokenizer(paragraph.toCharArray(), 0,
    paragraph.length());
for (String token : tokenizer) {
    System.out.println(token);
}
```

输出如下：

```
simpl
approach
creat
class
```

我们得到的是停用词去除后小写的单词词干。

2.6　总结

在本章中，我们说明了文本分词和标准化处理的各种方法。首先基于 Java 核心类（比如 String 类的 split 方法和 StringTokenizer 类）进行简单的分词。当我们决定放弃使用 NLP API 类时，这些方法可能很有用。

我们还演示了如何使用 OpenNLP、Stanford 和 LingPipe 的 API 进行分词。我们发现它们的实现方法和这些 API 中应用的选项参数存在差异。最后我们对它们的输出作了简短的比较。

我们讨论了标准化处理，其中包括将字符转换为小写，扩展缩写词，去除停用词、词干化和词元化。我们说明了如何使用 Java 核心类和 NLP API 应用这些技术。

下一章，我们将研究使用各种 NLP API 确定语句结尾时所涉及的问题。

第 **3** 章

文 本 断 句

将文本分割成语句也称为语句边界消歧（Sentence Boundary Disambiguation，SBD）。这个过程对于许多需要在句子中进行分析的 NLP 任务很有用，例如，词性和短语分析通常都是在句子中进行。

在这一章，我们将解释为什么 SBD 过程很困难。然后，我们将研究在某些情况下可能有效的一些 Java 核心方法，并继续介绍各种 NLP API 对模型的使用。我们还将研究文本断句模型的训练和验证方法。我们可以添加额外的规则来进一步细化流程，但是这只能在一定程度上起作用。之后，必须训练模型来处理常见的和特殊的情况。本章的后半部分将重点介绍这些模型及其使用。

本章将讨论以下主题：

- SBD 方法
- SBD 难在何处
- 使用 NLP API
- 训练文本断句模型

3.1 SBD 方法

SBD 方法是依赖于语言的，并且通常不是直接的。文本断句的常用方法包括使用一组规则或训练一个模型来检测它们。下面是一组文本断句的简单规则。如果满足以下条件，则表示检测到句尾：

- 文本以句号、问号或感叹号结尾
- 句点前面没有缩写，后面也没有数字

虽然这对大多数句子都很有效，但并不是对所有的句子都有效。例如，确定什么是缩写并不总是容易的，而且像省略号这样的序列可能与句号混淆。

大多数搜索引擎并不关心 SBD。它们只对查询的词项及其位置感兴趣。词性标注和其他进行数据提取的 NLP 任务经常处理单个句子。句子边界的检测将有助于分离看起来可能

跨句子的短语。例如,考虑以下句子:

"The construction process was over. The hill where the house was built was short."

如果搜索短语"over thc hill",我们很可能会无意中在这个句子里找到它。

本章中的许多示例将使用以下文本演示 SBD。该文本包含三个简单的句子和一个较复杂的句子:

```
private static String paragraph = "When determining the end of sentences "
    + "we need to consider several factors. Sentences may end with "
    + "exclamation marks! Or possibly questions marks☐ Within "
    + "sentences we may find numbers like 3.14159, abbreviations "
    + "such as found in Mr. Smith, and possibly ellipses either "
    + "within a sentence ..., or at the end of a sentence...";
```

3.2 SBD 难在何处

将文本分解成句子很困难,原因有很多:

- 标点经常有歧义。
- 缩写通常包含句点。
- 句子可以通过使用引号相互嵌入。
- 对于更特殊的文本,如推特和聊天会话,我们可能需要考虑换行符的使用或子句的完整性。

标点符号歧义现象的最好例证就是句号。它经常用于表示句子的结尾。但是,它也可以在许多其他情况下使用,包括缩写、数字、电子邮件和省略号。诸如问号和感叹号等其他标点符号也用于嵌入的引号和特殊文本中,如文档中的代码。

句号用于以下几种情况:

- 句子的结尾
- 缩写的结尾
- 缩写及句子的结尾
- 省略号
- 用于句末的省略号
- 内嵌在引号或括号中

我们遇到的大多数句子都以句号结尾。这使得它们易于识别。然而,当以缩写结尾时,识别它们就比较困难了。下面的句子包含了带句号的缩写:

"Mr. and Mrs. Smith went to the ball."

以下两句话中,出现了在句末的缩写:

"He was an agent of the CIA."

"He was an agent of the C.I.A."

在最后一句中，缩写的每个字母后面都跟一个句号。这种情况虽然不常见，但也可能发生，所以我们不能简单地忽略它。

另一个使 SBD 变得困难的问题是试图确定一个单词是否是缩写。我们不能简单地将所有大写序列视为缩写。这可能是因为用户不小心输入了一个全大写的单词，或者文本经过了将所有字符转换为小写的预处理。此外，有一些缩写是由大写字母和小写字母组成的。为了处理缩写，有时会使用有效的缩写列表。然而，缩写通常是特定于领域的。

省略号会使问题进一步复杂化。它们可以是单个字符（扩展的 ASCII 0 x 85 或 Unicode（U+2026）），也可以是三个句号的序列。此外，还有 Unicode 水平省略号（U+2026）、垂直省略号（U+22EE）以及垂直和水平省略号（U+FE19）的表示形式。除此之外，还有 HTML 编码。对于 Java 来说，使用 \uFE19。这些编码上的变化说明在分析文本之前需要对其做好预处理。

以下两句话说明了省略号可能的用法：

"And then there was ... one."

"And the list goes on and on and ..."

第二句以省略号结尾。在某些情况下，如 MLA 手册（http://www.MLA handbook.org/fragment/public_index）所建议的，我们可以使用方括号将添加的省略号与原文本中的省略号区分开来，如下所示：

"The people [...] used various forms of transportation [...]"（Young 73）.

我们还会发现嵌入了另一个句子的句子，例如：

The man said，"That's not right."

尽管感叹号和问号的出现比句号的出现要少，但它们也存在其他问题。除了在句尾，感叹号还可以出现在其他地方。对于某些单词来说，感叹号是单词的一部分，如 Yahoo!。此外，还使用多个感叹号来表示强调，如 "Best wishes!!" 这会导致识别多个句子，而这些句子实际上并不存在。

3.3 理解 LingPipe 的 HeuristicSentenceModel 类的 SBD 规则

还有其他规则可以用来执行 SBD。LingPipe 的 HeuristicSentenceModel 类使用一系列词规则来执行 SBD。这里我们将介绍这些词规划，以了解哪些规则可能有用。

这个类使用三组词项和两个标志来辅助这个过程。

- 可能的停止符：这是一组词项，可能是一个句子的最后一个词项。
- 不可能的倒数第二个词项：这些词项不能是句子中倒数第二个词项。
- 不可能的开始词项：一组不能用来作为一个句子开始的词项。
- 括号匹配：此标志表示在句子中所有括号都匹配之前不应终止句子。
- 强制结束：这指定输入流中的最后的词项应被视为语句终止符，即使它不是停止符。

括号匹配包括（）和 []。但是，如果文本格式不正确，则此规则将失效。表 3-1 列出了默认的词集。

表　3-1

可能的停止符	不可能的倒数第二个词项	不可能的开始词项
.	任何单个字母	)
..	个人和职业头衔、地位等	,
!	逗号、冒号、引号	;
?	常用缩略词	:
"	方位	-
"	企业代号	--
) .	时间、月份等	---
	美国的政党	%
	美国的州（不是 ME 或 IN）	"
	装运条款	
	地址缩写	

尽管 LingPipe 的 HeuristicSentenceModel 类使用这些规则，但是没有理由不能在 SBD 工具的其他实现中使用它们。

用于 SBD 的启发式方法可能不总是像其他技术那样准确。然而，它们可能被用于特定的领域，并且它们具有更快和使用更少内存的优势。

3.4　简单的 Java SBD

有时，文本可能非常简单，所以 Java 核心支持就足够了。有两种执行 SBD 的方法：使用正则表达式和使用 BreakIterator 类。我们将分别说明这两种方法。

3.4.1　使用正则表达式

正则表达式可能很难理解。虽然简单表达式通常不是问题,但随着它们变得越来越复杂，它们的可读性就会变得越来越差。这是正则表达式在尝试将其用于 SBD 时的限制之一。

我们将介绍两个不同的正则表达式。第一个表达式很简单，但是做得并不是很好。它说明了一种解决方案,这种解决方案对于一些问题域来说可能过于简单。第二种方法更复杂，效果更好。

在此示例中，我们创建了一个与句号、问号和感叹号匹配的正则表达式类。String 类的 split 方法用于将文本拆分为句子：

```
String simple = "[.?!]";
String[] splitString = (paragraph.split(simple));
for (String string : splitString) {
    System.out.println(string);
}
```

输出如下：

```
When determining the end of sentences we need to consider several
factors
    Sentences may end with exclamation marks
    Or possibly questions marks
    Within sentences we may find numbers like 3
14159, abbreviations such as found in Mr
    Smith, and possibly ellipses either within a sentence ..., or at the
end of a sentence...
```

不出所料，该方法将段落分割为字符，不管它们是数字的一部分还是缩写。

第二种方法会产生更好的结果。这个例子改编自 http://stackoverflow.com/questions/5553410/ regular-expression-match-a-sentence 上的示例。使用 Pattern 类编译以下正则表达式：

```
[^.!?\s][^.!?]*(?:[.!?](?!['"]?\s|$)[^.!?]*)*[.!?]?['"]?(?=\s|$)
```

以下代码序列中的注释解释了每个部分所代表的内容：

```
Pattern sentencePattern = Pattern.compile(
    "# Match a sentence ending in punctuation or EOS.\n"
    + "[^.!?\\s]     # First char is non-punct, non-ws\n"
    + "[^.!?]*       # Greedily consume up to punctuation.\n"
    + "(?:           # Group for unrolling the loop.\n"
    + "  [.!?]       # (special) inner punctuation ok if\n"
    + "  (?!['\"]?\\s|$)  # not followed by ws or EOS.\n"
    + "  [^.!?]*     # Greedily consume up to punctuation.\n"
    + ")*            # Zero or more (special normal*)\n"
    + "[.!?]?        # Optional ending punctuation.\n"
    + "['\"]?        # Optional closing quote.\n"
    + "(?=\\s|$)",
    Pattern.MULTILINE | Pattern.COMMENTS);
```

可以使用 http://regexper.com/ 中的显示工具来生成该表达式的另一种表示形式。如图 3-1 所示，它以图形方式描绘了表达式，并阐明了其工作原理。

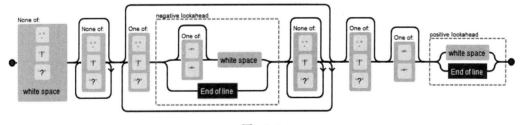

图　3-1

对示例段落执行 matcher 方法，然后显示结果。

```
Matcher matcher = sentencePattern.matcher(paragraph);
while (matcher.find()) {
    System.out.println(matcher.group());
}
```

输出如下。语句终止符被保留，但缩写仍然存在问题：

```
When determining the end of sentences we need to consider several
factors.
    Sentences may end with exclamation marks!
    Or possibly questions marks?
    Within sentences we may find numbers like 3.14159, abbreviations such
as found in Mr.
    Smith, and possibly ellipses either within a sentence ..., or at the
end of a sentence...
```

3.4.2 使用 BreakIterator 类

BreakIterator 类可用于检测各种文本边界，例如字符、单词、句子和行之间的边界。下面使用不同的方法创建 BreakIterator 类的不同实例：

- 对于字符，使用 getCharacterInstance 方法
- 对于单词，使用 getWordInstance 方法
- 对于句子，使用 getSentenceInstance 方法
- 对于行，使用 getLineInstance 方法

有时，检测字符之间的分隔很重要。例如，当我们需要处理由多个 Unicode 字符组成的字符时，比如 ü。这个字符有时由 \u0075（u）和 \u00a8（¨）Unicode 字符组合而成。该类将识别这些类型的字符。关于这个功能的更详细信息请参见 https://docs.oracle.com/javase/tutorial/i18n/text/char.html。

BreakIterator 类可用于检测句子结尾。它使用一个引用当前边界的游标。它支持 next 和 previous 方法，分别在文本中向前和向后移动游标。BreakIterator 有一个受保护的默认构造函数。要获取 BreakIterator 类的实例来检测句尾，请使用如下所示的静态 getSentenceInstance 方法：

```
BreakIterator sentenceIterator =
 BreakIterator.getSentenceInstance();
```

该方法还有一个重载版本。它以 Locale 实例作为参数：

```
Locale currentLocale = new Locale("en", "US");
BreakIterator sentenceIterator =
    BreakIterator.getSentenceInstance(currentLocale);
```

一旦创建了实例，setText 方法就把要处理的文本与迭代器关联起来：

```
sentenceIterator.setText(paragraph);
```

BreakIterator 使用一系列方法和字段标识文本中的边界。所有这些都返回整数值，具体

如表 3-2 所示。

表 3-2

方法	用处
first	返回文本的第一个边界
next	返回当前边界的下一个边界
previous	返回当前边界的前一个边界
DONE	最后的整数，赋值为 -1（表示没有找到更多的边界）

要按顺序使用迭代器，首先需要使用 first 方法标识第一个边界，然后重复调用 next 方法来查找后续边界。当返回 DONE 时，进程终止。下面的代码序列演示了这种技术，它使用了前面声明的 sentenceIterator 实例：

```
int boundary = sentenceIterator.first();
while (boundary != BreakIterator.DONE) {
    int begin = boundary;
    System.out.print(boundary + "-");
    boundary = sentenceIterator.next();
    int end = boundary;
    if (end == BreakIterator.DONE) {
        break;
    }
    System.out.println(boundary + " ["
        + paragraph.substring(begin, end) + "]");
}
```

执行后，我们得到以下输出：

```
    0-75 [When determining the end of sentences we need to consider several
factors. ]
    75-117 [Sentences may end with exclamation marks! ]
    117-146 [Or possibly questions marks? ]
    146-233 [Within sentences we may find numbers like 3.14159 ,
abbreviations such as found in Mr. ]
    233-319 [Smith, and possibly ellipses either within a sentence ... , or
at the end of a sentence...]
    319-
```

此输出对简单句子有效，但对复杂句子却无效。

正则表达式和 BreakIterator 类的使用都有局限性。它们对于由相对简单的句子组成的文本很有用。然而，当文本变得更复杂时，最好使用 NLP API，这将在 3.5 节中讨论。

3.5 使用 NLP API

有许多 NLP API 类支持 SBD。有些是基于规则的，而另一些则使用的是普通和特殊文本训练过的模型。我们将使用 OpenNLP、Stanford 和 LingPipe API 演示文本断句类的用法。

模型也可以被训练。3.6 节对这种方法进行了讨论。处理专业文本（如医疗或法律文本）时需要使用专业模型。

3.5.1 使用 OpenNLP

OpenNLP 使用模型来执行 SBD。创建了一个基于模型文件的 SentenceDetectorME 类实例。句子由 sentDetect 方法返回，位置信息由 sentPosDetect 方法返回。

3.5.1.1 使用 SentenceDetectorME 类

使用 SentenceModel 类从文件中加载模型。然后使用该模型创建 SentenceDetectorME 类的一个实例，并调用 sentDetect 方法来执行 SBD。该方法返回一个字符串数组，每个元素包含一个句子。

下面的示例演示了这个过程。使用 try-with-resources 块来打开包含模型的 en- sent.bin 文件。然后，处理 paragraph 字符串。接下来，捕获各种 IO 类型异常（如果有必要的话）。最后，for-each 语句用于显示句子：

```
try (InputStream is = new FileInputStream(
        new File(getModelDir(), "en-sent.bin"))) {
    SentenceModel model = new SentenceModel(is);
    SentenceDetectorME detector = new SentenceDetectorME(model);
    String sentences[] = detector.sentDetect(paragraph);
    for (String sentence : sentences) {
        System.out.println(sentence);
    }
} catch (FileNotFoundException ex) {
    // Handle exception
} catch (IOException ex) {
    // Handle exception
}
```

执行后，我们得到以下输出：

```
    When determining the end of sentences we need to consider several
factors.
    Sentences may end with exclamation marks!
    Or possibly questions marks?
    Within sentences we may find numbers like 3.14159, abbreviations such
as found in Mr. Smith, and possibly ellipses either within a sentence ...,
or at the end of a sentence...
```

这个段落的输出效果很好。它包含了简单句和复杂句。当然，被处理的文本并不总是完美的。下面的段落在某些地方有多余的空格，而在需要的地方又缺少空格。在聊天会话分析中很可能发生此问题：

```
paragraph = " This sentence starts with spaces and ends with "
    + "spaces . This sentence has no spaces between the next "
    + "one.This is the next one.";
```

当我们在前面的示例中使用这个段落时，我们得到以下输出：

```
This sentence starts with spaces and ends with spaces    .
This sentence has no spaces between the next one.This is the next one.
```

第一句开头的空格已删除，但结尾空格未删除。第三个句子没有被检测到，它与第二个句子合并了。

getSentenceProbability 方法返回一个双精度数组，它表示最后使用 sentDetection 方法断句的置信度。在显示句子的 for-each 语句之后添加以下代码：

```
double probablities[] = detector.getSentenceProbabilities();
for (double probablity : probablities) {
    System.out.println(probablity);
}
```

对原始段落执行上面代码，得到以下输出：

```
0.9841708738988814
0.908052385070974
0.9130082376342675
1.0
```

所示数字表示置信度的概率。

3.5.1.2　使用 sentPosDetect 方法

SentenceDetectorME 类拥有 sentPosDetect 方法，该方法为每个句子返回 Span 对象。使用与 3.5.1.1 节相同的代码，但有两处更改，即用 sentPosDetect 方法替换 sentDetect 方法，并使用以下方法替换 for-each 语句：

```
Span spans[] = detector.sentPosDetect(paragraph);
for (Span span : spans) {
    System.out.println(span);
}
```

下面的输出使用原始段落。Span 对象包含从 toString 方法的默认执行中返回的位置信息：

```
[0..74)
[75..116)
[117..145)
[146..317)
```

Span 类有许多方法。以下代码序列演示了如何使用 getStart 和 getEnd 方法清楚地显示 spans 所表示的文本：

```
for (Span span : spans) {
    System.out.println(span + "[" + paragraph.substring(
        span.getStart(), span.getEnd()) +"]");
}
```

输出显示的是识别出的句子：

```
    [0..74)[When determining the end of sentences we need to consider
several factors.]
    [75..116)[Sentences may end with exclamation marks!]
    [117..145)[Or possibly questions marks?]
    [146..317)[Within sentences we may find numbers like 3.14159,
abbreviations such as found in Mr. Smith, and possibly ellipses either
within a sentence ..., or at the end of a sentence...]
```

还有许多其他可用的 Span 方法。表 3-3 列出了一些方法。

表　3-3

方法	含义
contains	重载方法，确定另一个 Span 对象或者索引是否包含在目标中
crosses	确定两个 span 是否重叠
length	span 的长度
startsWith	确定 span 是否由目标开始

3.5.2　使用 Stanford API

Stanford NLP 库支持用于断句的多种技术。在本节中，我们将使用以下类演示此过程：

- PTBTokenizer
- DocumentPreprocessor
- StanfordCoreNLP

尽管它们都可以进行 SBD，但在执行过程中每个都使用了不同的方法。

3.5.2.1　使用 PTBTokenizer 类

PTBTokenizer 类使用规则来进行 SBD，并具有多种分词选项。该类的构造函数有三个参数：

- 一个 Reader 类，用于封装要处理的文本
- 一个对象，用于实现 LexedTokenFactory 接口
- 一个字符串，它含分词选项

这些选项允许我们指定文本、分词器以及可能需要用于特定文本流的任何选项。在下面的代码段中，将创建 StringReader 类的实例来封装文本。示例中，CoreLabelTokenFactory 类与 null 选项一同被使用：

```
PTBTokenizer ptb = new PTBTokenizer(new StringReader(paragraph),
    new CoreLabelTokenFactory(), null);
```

我们将使用 WordToSentenceProcessor 类来创建 List 类的 List 实例来保存句子及其词项。它的 process 方法是采用 PTBTokenizer 实例产生的词项来创建 List 类的列表，如下所示：

```
WordToSentenceProcessor wtsp = new WordToSentenceProcessor();
List<List<CoreLabel>> sents = wtsp.process(ptb.tokenize());
```

List 类的 List 实例可以以多种方式显示。在下面的序列中，List 类的 toString 方法显示了用括号括起来的列表，其元素由逗号分隔：

```
for (List<CoreLabel> sent : sents) {
    System.out.println(sent);
}
```

此序列段的输出得到以下结果：

```
[When, determining, the, end, of, sentences, we, need, to, consider,
several, factors, .]
[Sentences, may, end, with, exclamation, marks, !]
[Or, possibly, questions, marks, ?]
[Within, sentences, we, may, find, numbers, like, 3.14159, ,,
abbreviations, such, as, found, in, Mr., Smith, ,, and, possibly, ellipses,
either, within, a, sentence, ..., ,, or, at, the, end, of, a, sentence,
...]
```

另一种方法是将每个句子单独显示在一行，具体如下所示：

```
for (List<CoreLabel> sent : sents) {
    for (CoreLabel element : sent) {
        System.out.print(element + " ");
    }
    System.out.println();
}
```

输出如下：

```
When determining the end of sentences we need to consider several
factors .
Sentences may end with exclamation marks !
Or possibly questions marks ?
Within sentences we may find numbers like 3.14159 , abbreviations such
as found in Mr. Smith , and possibly ellipses either within a sentence ...
, or at the end of a sentence ...
```

如果我们只对单词和句子的位置感兴趣，可以使用 endPosition 方法，如下所示：

```
for (List<CoreLabel> sent : sents) {
    for (CoreLabel element : sent) {
        System.out.print(element.endPosition() + " ");
    }
    System.out.println();
}
```

执行此操作，我们将得到以下输出。每行最后一个数字是句子边界的索引：

```
4 16 20 24 27 37 40 45 48 57 65 73 74
84 88 92 97 109 115 116
119 128 138 144 145
152 162 165 169 174 182 187 195 196 210 215 218 224 227 231 237 238 242
251 260 267 274 276 285 287 288 291 294 298 302 305 307 316 317
```

下面的序列显示每个句子的第一个元素及其索引：

```
for (List<CoreLabel> sent : sents) {
    System.out.println(sent.get(0) + " "
        + sent.get(0).beginPosition());
}
```

输出如下：

```
When 0
Sentences 75
Or 117
Within 146
```

如果我们对句子的最后一个元素感兴趣，可以使用下面的序列。列表的元素数用于显示终止字符及其结束位置：

```
for (List<CoreLabel> sent : sents) {
    int size = sent.size();
    System.out.println(sent.get(size-1) + " "
        + sent.get(size-1).endPosition());
}
```

这将得到以下输出：

```
. 74
! 116
? 145
... 317
```

在调用 PTBTokenizer 类的构造函数时，有许多可用的选项。这些选项包含在构造函数的第三个参数中。选项字符串由逗号分隔的选项组成，如下所示：

```
"americanize=true,normalizeFractions=true,asciiQuotes=true"
```

表 3-4 列出了其中的几个选项。

表 3-4

选项	含义
invertible	用于表明词项和空白符必须保留，这样原始字符串能够被重新构造
tokenizeNLs	表明行的结束必须作为一个词项
americanize	如果为真，这将把英式拼写重写为美式拼写
normalizeAmpersandEntity	将 XML& 字符转化为 &
normalizeFractions	将分数字符（比如½）转化成长格式（1/2）
asciiQuotes	将引号字符转化成更简单的 "and" 字符
unicodeQuotes	将引号字符转化成 U+2018 到 U+201D 的字符

下面的序列说明了选项字符串的用法。

```
paragraph = "The colour of money is green. Common fraction "
    + "characters such as ½  are converted to the long form 1/2. "
    + "Quotes such as "cat" are converted to their simpler form.";
ptb = new PTBTokenizer(
    new StringReader(paragraph), new CoreLabelTokenFactory(),
    "americanize=true,normalizeFractions=true,asciiQuotes=true");
wtsp = new WordToSentenceProcessor();
sents = wtsp.process(ptb.tokenize());
for (List<CoreLabel> sent : sents) {
    for (CoreLabel element : sent) {
        System.out.print(element + " ");
    }
    System.out.println();
}
```

输出如下：

```
The color of money is green .
Common fraction characters such as 1/2 are converted to the long form
1/2 .
Quotes such as " cat " are converted to their simpler form .
```

"colour"一词的英式拼写被转换成美式拼写。分数½扩展为三个字符：1/2。在最后一句话中，花引号被转换成更简单的形式。

3.5.2.2 使用 DocumentPreprocessor 类

当创建 DocumentPreprocessor 类的实例时，它使用 Reader 参数生成一个句子列表。它还实现了 Iterable 接口，这使得遍历列表变得很容易。

在下面的例子中，用 paragraph 来创建一个 StringReader 对象，这个对象用来实例化 DocumentPreprocessor 实例：

```
Reader reader = new StringReader(paragraph);
DocumentPreprocessor dp = new DocumentPreprocessor(reader);
for (List sentence : dp) {
    System.out.println(sentence);
}
```

执行时，得到以下输出：

```
[When, determining, the, end, of, sentences, we, need, to, consider,
several, factors, .]
[Sentences, may, end, with, exclamation, marks, !]
[Or, possibly, questions, marks, ?]
[Within, sentences, we, may, find, numbers, like, 3.14159, ,,
abbreviations, such, as, found, in, Mr., Smith, ,, and, possibly, ellipses,
either, within, a, sentence, ..., ,, or, at, the, end, of, a, sentence,
...]
```

默认情况下，PTBTokenizer 用于文本分词输入。setTokenizerFactory 方法可用于指定不同的分词器。表 3-5 列出了其他几种有用的方法。

表　3-5

方法	目的
setElementDelimiter	它的参数指定一个 XML 元素，只有在这些元素中的文本才会被处理
setSentenceDelimiter	处理器将假设字符串参数是一个句子的分隔符
setSentenceFinalPuncWords	它的字符串数组参数指定句子结束的分隔符
setKeepEmptySentences	当使用空白符模型时，如果它的参数为 true，那么空的句子将会被保留

该类可以处理纯文本或 XML 文档。

为了演示如何处理 XML 文件，我们将创建一个简单的 XML 文件 XMLText.xml，它包含以下数据：

```
<?xml version="1.0" encoding="UTF-8"?>
<?xml-stylesheet type="text/xsl"?>
<document>
    <sentences>
        <sentence id="1">
            <word>When</word>
            <word>the</word>
            <word>day</word>
            <word>is</word>
            <word>done</word>
            <word>we</word>
            <word>can</word>
            <word>sleep</word>
            <word>.</word>
        </sentence>
        <sentence id="2">
            <word>When</word>
            <word>the</word>
            <word>morning</word>
            <word>comes</word>
            <word>we</word>
            <word>can</word>
            <word>wake</word>
            <word>.</word>
        </sentence>
        <sentence id="3">
            <word>After</word>
            <word>that</word>
            <word>who</word>
            <word>knows</word>
            <word>.</word>
        </sentence>
    </sentences>
</document>
```

我们将重用前面示例中的代码。但改为打开 XMLText.xml 文件，并使用 Document-Preprocessor.doctype.xml 作为 DocumentPreprocessor 类构造函数的第二个参数，如下面的代

码所示。这将指定分词器应该将文本视为 XML 文本。另外，我们将指定只处理 <sentence>
标签内的 XML 元素：

```
try {
    Reader reader = new FileReader("XMLText.xml");
    DocumentPreprocessor dp = new DocumentPreprocessor(
        reader, DocumentPreprocessor.DocType.XML);
    dp.setElementDelimiter("sentence");
    for (List sentence : dp) {
        System.out.println(sentence);
    }
} catch (FileNotFoundException ex) {
    // Handle exception
}
```

此示例输出如下：

```
[When, the, day, is, done, we, can, sleep, .]
[When, the, morning, comes, we, can, wake, .]
[After, that, who, knows, .]
```

使用 ListIterator 可以输出更清晰的结果：

```
for (List sentence : dp) {
    ListIterator list = sentence.listIterator();
     while (list.hasNext()) {
        System.out.print(list.next() + " ");
    }
    System.out.println();
}
```

输出如下：

```
When the day is done we can sleep .
When the morning comes we can wake .
After that who knows .
```

如果我们没有指定元素分隔符，则每个单词都将是如下显示：

```
[When]
[the]
[day]
[is]
[done]
...
[who]
[knows]
[.]
```

3.5.2.3　使用 StanfordCoreNLP 类

StanfordCoreNLP 类支持使用 ssplit 注释器进行断句。在下面的示例中，将使用 tokenize
和 ssplit 注释器。创建 pipeline 对象，并对 pipeline 应用 annotate 方法，使用 paragraph 作为
其参数。

```
Properties properties = new Properties();
properties.put("annotators", "tokenize, ssplit");
StanfordCoreNLP pipeline = new StanfordCoreNLP(properties);
Annotation annotation = new Annotation(paragraph);
pipeline.annotate(annotation);
```

输出包含很多信息。此处仅显示第一行的输出：

```
Sentence #1 (13 tokens):
When determining the end of sentences we need to consider several
factors.
    [Text=When CharacterOffsetBegin=0 CharacterOffsetEnd=4]
[Text=determining CharacterOffsetBegin=5 CharacterOffsetEnd=16] [Text=the
CharacterOffsetBegin=17 CharacterOffsetEnd=20] [Text=end
CharacterOffsetBegin=21 CharacterOffsetEnd=24] [Text=of
CharacterOffsetBegin=25 CharacterOffsetEnd=27] [Text=sentences
CharacterOffsetBegin=28 CharacterOffsetEnd=37] [Text=we
CharacterOffsetBegin=38 CharacterOffsetEnd=40] [Text=need
CharacterOffsetBegin=41 CharacterOffsetEnd=45] [Text=to
CharacterOffsetBegin=46 CharacterOffsetEnd=48] [Text=consider
CharacterOffsetBegin=49 CharacterOffsetEnd=57] [Text=several
CharacterOffsetBegin=58 CharacterOffsetEnd=65] [Text=factors
CharacterOffsetBegin=66 CharacterOffsetEnd=73] [Text=.
CharacterOffsetBegin=73 CharacterOffsetEnd=74]
```

此外，我们可以使用 xmlPrint 方法。这将产生 XML 格式的输出，更容易提取感兴趣的信息。方法如下所示，并且它需要处理 IOException：

```
try {
    pipeline.xmlPrint(annotation, System.out);
} catch (IOException ex) {
    // Handle exception
}
```

部分输出如下：

```
<?xml version="1.0" encoding="UTF-8"?>
<?xml-stylesheet href="CoreNLP-to-HTML.xsl" type="text/xsl"?>
<root>
  <document>
    <sentences>
      <sentence id="1">
        <tokens>
          <token id="1">
            <word>When</word>
            <CharacterOffsetBegin>0</CharacterOffsetBegin>
            <CharacterOffsetEnd>4</CharacterOffsetEnd>
          </token>
   ...
          <token id="34">
            <word>...</word>
            <CharacterOffsetBegin>316</CharacterOffsetBegin>
            <CharacterOffsetEnd>317</CharacterOffsetEnd>
```

```
        </token>
      </tokens>
    </sentence>
   </sentences>
  </document>
 </root>
```

3.5.3　使用 LingPipe

LingPipe 使用类的层次结构来支持 SBD，如图 3-2 所示。

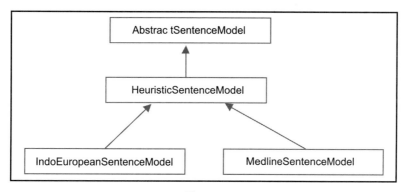

图　3-2

该层次结构的基础是 AbstractSentenceModel 类，其主要方法是重载的 borderIndices 方法。此方法返回边界索引的整型数组，其中数组的每个元素代表一个语句边界。

这个类的派生类是 HeuristicSentenceModel 类。此类使用了一系列词项，如 3.3 节中讨论的可能的停止符、不可能的倒数第二和不可能的开始词项。

IndoEuropeanSentenceModel 和 MedlineSentenceModel 类是由 HeuristicSentenceModel 类派生。他们分别接受了英文文本和医学专业文本的训练。我们将在下面几节中演示这两个类。

3.5.3.1　使用 IndoEuropeanSentenceModel 类

英文文本采用 IndoEuropeanSentenceModel 模型。它的双参数构造函数将指明：

- 最后的词项是否必须是终止符
- 括号是否需要匹配

默认构造函数没有强制最后的词项为终止符，或者括号都匹配。语句模型需要与分词器一起使用。为此，我们将使用 IndoEuropeanTokenizerFactory 类的默认构造函数，如下所示：

```
TokenizerFactory TOKENIZER_FACTORY=
 IndoEuropeanTokenizerFactory.INSTANCE;
com.aliasi.sentences.SentenceModel sentenceModel = new
IndoEuropeanSentenceModel();
```

创建分词器，并调用其 tokenize 方法来填充这两个列表：

```
List<String> tokenList = new ArrayList<>();
List<String> whiteList = new ArrayList<>();
Tokenizer tokenizer= TOKENIZER_FACTORY.tokenizer(
    paragraph.toCharArray(),0, paragraph.length());
tokenizer.tokenize(tokenList, whiteList);
```

boundaryIndices 方法返回一个整数的边界索引数组。该方法需要两个包含词和空格的 String 数组参数。tokenize 方法为这些元素使用了两个列表。这意味着我们需要将列表转换成等效的数组，如下所示：

```
String[] tokens = new String[tokenList.size()];
String[] whites = new String[whiteList.size()];
tokenList.toArray(tokens);
whiteList.toArray(whites);
```

我们还可以用 boundaryIndices 方法来显示索引：

```
int[] sentenceBoundaries=
 sentenceModel.boundaryIndices(tokens, whites);
for(int boundary : sentenceBoundaries) {
    System.out.println(boundary);
}
```

输出如下：

```
12
19
24
```

我们可以使用以下序列来显示句子，空格索引与词项只相差 1：

```
int start = 0;
for(int boundary : sentenceBoundaries) {
    while(start<=boundary) {
        System.out.print(tokenList.get(start)
     + whiteList.get(start+1));
        start++;
    }
    System.out.println();
}
```

结果如下：

```
    When determining the end of sentences we need to consider several
factors.
    Sentences may end with exclamation marks!
    Or possibly questions marks?
```

不巧，它未输出最后一句话。这是由于最后一句以省略号结尾。如果在句子末尾加一个句号，我们将得到以下输出：

```
    When determining the end of sentences we need to consider several
factors.
```

```
Sentences may end with exclamation marks!
Or possibly questions marks?
Within sentences we may find numbers like 3.14159, abbreviations such
as found in Mr. Smith, and possibly ellipses either within a sentence ...,
or at the end of a sentence....
```

3.5.3.2　使用 SentenceChunker 类

另一种方法是使用 SentenceChunker 类进行 SBD。此类的构造函数需要 TokenizerFactory 和 SentenceModel 对象，如下所示：

```
TokenizerFactory tokenizerfactory =
 IndoEuropeanTokenizerFactory.INSTANCE;
SentenceModel sentenceModel = new IndoEuropeanSentenceModel();
```

使用 tokenizerfactory 和 sentenceModel 实例创建 SentenceChunker 实例：

```
SentenceChunker sentenceChunker =
    new SentenceChunker(tokenizerfactory, sentenceModel);
```

SentenceChunker 类实现了使用 chunk 方法的 Chunker 接口。此方法返回一个实现 Chunking 接口的对象。该对象使用字符序列（CharSequence）指定文本的"块"。chunk 方法使用字符数组和数组中的索引来指定需要处理文本的哪些部分。返回一个 Chunking 对象，如下所示：

```
Chunking chunking = sentenceChunker.chunk(
    paragraph.toCharArray(),0, paragraph.length());
```

我们使用 Chunking 对象有两个目的。首先，我们将使用它的 chunkSet 方法返回一组 Chunk 对象。然后，我们将得到一个包含所有句子的字符串：

```
Set<Chunk> sentences = chunking.chunkSet();
String slice = chunking.charSequence().toString();
```

Chunk 对象存储句子边界的字符偏移量。我们将使用它的 start 和 end 方法以及切片来显示句子，如下代码所示。每个元素和句子都包含句子的边界。我们使用此信息显示切片中的每个句子：

```
for (Chunk sentence : sentences) {
    System.out.println("[" + slice.substring(sentence.start(),
        sentence.end()) + "]");
}
```

以下是输出。但是，以省略结尾的句子仍然存在问题，因此在处理文本之前，在最后一个句子的结尾添加了句号。

```
[When determining the end of sentences we need to consider several
factors.]
[Sentences may end with exclamation marks!]
[Or possibly questions marks?]
[Within sentences we may find numbers like 3.14159, abbreviations such
as found in Mr. Smith, and possibly ellipses either within a sentence ...,
or at the end of a sentence....]
```

尽管 Indeuropeansentencemodel 类对英文文本的效果相当好，但对于特殊文本，它可能并不总是很好。在 3.5.3.3 节中，我们将研究 MedlineSentenceModel 类的使用，该类已被训练来处理医学文本。

3.5.3.3 使用 MedlineSentenceModel 类

LingPipe 句子模型使用 MEDLINE，它是一个大型生物医学文献集。此文献集以 XML 格式存储，并由美国国家医学图书馆（http://www.nlm.nih.gov/）维护。

LingPipe 使用其 MedlineSentenceModel 类进行 SBD。该模型已针对 MEDLINE 数据进行了训练。它使用的是简单的文本，并将其分割为词项和空格。然后，使用 MEDLINE 模型进行文本断句。

在下面的例子中，我们将使用 http://www.ncbi.nlm.nih.gov/pmc/articles/PMC3139422/ 中的一个段落来演示模型的使用，如下所示：

```
paragraph = "HepG2 cells were obtained from the American Type
 Culture "
    + "Collection (Rockville, MD, USA) and were used only until "
    + "passage 30. They were routinely grown at 37°C in Dulbecco's "
    + "modified Eagle's medium (DMEM) containing 10 % fetal bovine "
    + "serum (FBS), 2 mM glutamine, 1 mM sodium pyruvate, and 25 "
    + "mM glucose (Invitrogen, Carlsbad, CA, USA) in a humidified "
    + "atmosphere containing 5% CO2. For precursor and 13C-sugar "
    + "experiments, tissue culture treated polystyrene 35 mm "
    + "dishes (Corning Inc, Lowell, MA, USA) were seeded with 2 "
    + "× 106 cells and grown to confluency in DMEM.";
```

下面的代码基于 SentenceChunker 类，如 3.5.3.2 节所示。区别在于 MedlineSentenceModel 类的使用：

```
TokenizerFactory tokenizerfactory =
      IndoEuropeanTokenizerFactory.INSTANCE;
MedlineSentenceModel sentenceModel = new
      MedlineSentenceModel();
SentenceChunker sentenceChunker =
   new SentenceChunker(tokenizerfactory,
 sentenceModel);
      = sentenceChunker.chunk(
      paragraph.toCharArray(), 0, paragraph.length());
Set<Chunk> sentences = chunking.chunkSet();
String slice = chunking.charSequence().toString();
for (Chunk sentence : sentences) {
    System.out.println("["
        + slice.substring(sentence.start(),
 sentence.end())
        + "]");
}
```

输出如下：

```
[HepG2 cells were obtained from the American Type Culture Collection
(Rockville, MD, USA) and were used only until passage 30.]
[They were routinely grown at 37℃ in Dulbecco's modified Eagle's medium
(DMEM) containing 10 % fetal bovine serum (FBS), 2 mM glutamine, 1 mM
sodium pyruvate, and 25 mM glucose (Invitrogen, Carlsbad, CA, USA) in a
humidified atmosphere containing 5% CO2.]
[For precursor and 13C-sugar experiments, tissue culture treated
polystyrene 35 mm dishes (Corning Inc, Lowell, MA, USA) were seeded with 2
× 106 cells and grown to confluency in DMEM.]
```

当针对医学文本执行时，该模型的性能将优于其他模型。

3.6 训练文本断句模型

我们将使用 OpenNLP 的 SentenceDetectorME 类来说明训练过程。此类有一个静态的 train 方法，该方法使用在文件中找到的示例语句。该方法返回一个模型，它通常被序列化到一个文件中以供以后使用。

模型使用特殊的带注释的数据来清楚地指定句尾。通常，使用大量文件为训练提供良好的样本。文件的一部分用于训练，其余部分用于验证训练后模型。

OpenNLP 使用的训练文件每行包含一个句子。通常，至少需要 10 到 20 个例句来避免错误。为了演示该过程，我们将使用名为 sentence.train 的文件。它由 Jules Verne 的 *Twenty Thousand Leagues Under the Sea* 第 5 章组成。它 可 以 在 http://www.gutenberg.org/ files/164/164-h/164 h.htm#chap05 找 到。 可 以 从 https://github.com/PacktPublishing/Natural LanguageProcessing-with-Java-Second-Edition 或该书的 GitHub 存储库下载该文件。

FileReader 对象用于打开文件。该对象作为 PlainTextByLineStream 构造函数的参数。然后生成的流由文件每一行的字符串组成。它被用作 SentenceSampleStream 构造函数的参数，该构造函数将语句字符串转换为 SentenceSample 对象。这些对象包含每个句子的开始索引。此过程如下所示，语句被封装在 try 块中，以处理这些语句可能引发的异常：

```
try {
    ObjectStream<String> lineStream = new PlainTextByLineStream(
        new FileReader("sentence.train"));
    ObjectStream<SentenceSample> sampleStream
        = new SentenceSampleStream(lineStream);
    ...
    } catch (FileNotFoundException ex) {
        ex.printStackTrace();
        // Handle exception
    } catch (IOException ex) {
        ex.printStackTrace();
        // Handle exception
    }
```

现在，可以像下面这样使用 train 方法：

```
SentenceModel model = SentenceDetectorME.train("en",
    sampleStream, true,
    null, TrainingParameters.defaultParams());
```

该方法的输出是一个训练好的模型。表 3-6 中详细介绍了此方法的参数。

表   3-6

参数	含义
"en"	指定文本的语言是英语
sampleStream	训练文本流
true	指定是否应该使用所示结束标记
nul l	一个缩略词词典
TrainingParameters.defaultParams（）	指定使用默认训练参数

按照以下序列，创建 OutputStream 并将它用于把模型保存到 modelFile 文件中。这使得该模型可以重用于其他应用程序：

```
OutputStream modelStream = new BufferedOutputStream(
    new FileOutputStream("modelFile"));
model.serialize(modelStream);
```

此过程的输出如下。为了节省空间，这里未显示所有的迭代过程。默认将索引事件减少到 5 个，迭代次数减少到 100：

```
Indexing events using cutoff of 5
    Computing event counts...  done. 93 events
    Indexing...  done.
Sorting and merging events... done. Reduced 93 events to 63.
Done indexing.
Incorporating indexed data for training...
done.
    Number of Event Tokens: 63
        Number of Outcomes: 2
      Number of Predicates: 21
...done.
Computing model parameters ...
Performing 100 iterations.
    1:  ... loglikelihood=-64.4626877920749      0.9032258064516129
    2:  ... loglikelihood=-31.11084296202819     0.9032258064516129
    3:  ... loglikelihood=-26.418795734248626    0.9032258064516129
    4:  ... loglikelihood=-24.327956749903198    0.9032258064516129
    5:  ... loglikelihood=-22.766489585258565    0.9032258064516129
    6:  ... loglikelihood=-21.46379347841989     0.9139784946236559
    7:  ... loglikelihood=-20.356036369911394    0.9139784946236559
    8:  ... loglikelihood=-19.406935608514992    0.9139784946236559
    9:  ... loglikelihood=-18.58725539754483     0.9139784946236559
   10:  ... loglikelihood=-17.873030559849326    0.9139784946236559
```

```
...
 99: ... loglikelihood=-7.214933901940582      0.978494623655914
100: ... loglikelihood=-7.183774954664058      0.978494623655914
```

3.6.1　使用训练好的模型

我们可以使用该模型，如以下代码序列所示。它基于 3.5.1.1 节中说明的技术。

```
try (InputStream is = new FileInputStream(
        new File(getModelDir(), "modelFile"))) {
    SentenceModel model = new SentenceModel(is);
    SentenceDetectorME detector = new
     SentenceDetectorME(model);
    String sentences[] = detector.sentDetect(paragraph);
    for (String sentence : sentences) {
        System.out.println(sentence);
    }
} catch (FileNotFoundException ex) {
    // Handle exception
} catch (IOException ex) {
    // Handle exception
}
```

输出如下：

```
When determining the end of sentences we need to consider several
factors.
Sentences may end with exclamation marks! Or possibly questions marks?
Within sentences we may find numbers like 3.14159,
abbreviations such as found in Mr.
Smith, and possibly ellipses either within a sentence ..., or at the
end of a sentence...
```

该模型不能很好地处理最后一句话，这反映了示例文本和该模型所针对的文本之间的不匹配。使用相关的训练数据非常重要。否则，基于此输出的后续任务将受影响。

3.6.2　使用 SentenceDetectorEvaluator 类评估模型

我们为评估模型保留了一部分示例文件，这样我们就可以使用 SentenceDetectorEvaluator 类来评估模型。我们通过提取最后 10 个句子并将其放置在名为 evalSample 的文件中来修改 sentence.train 文件。然后，我们使用此文件来评估模型。在以下示例中，我们重用 lineStream 和 sampleStream 变量来创建一个基于文件内容的 SentenceSample 对象流：

```
lineStream = new PlainTextByLineStream(
    new FileReader("evalSample"));
sampleStream = new SentenceSampleStream(lineStream);
```

使用先前创建的 SentenceDetectorME 类变量 detector 创建 SentenceDetectorEvaluator 类的实例。构造函数的第二个参数是 SentenceDetectorEvaluationMonitor 对象，这里我们不使

用它。接着，调用 evaluate 方法：

```
SentenceDetectorEvaluator sentenceDetectorEvaluator
    = new SentenceDetectorEvaluator(detector, null);
sentenceDetectorEvaluator.evaluate(sampleStream);
```

getFMeasure 方法将返回 FMeasure 类的一个实例，它提供了模型质量的度量：

```
System.out.println(sentenceDetectorEvaluator.getFMeasure());
```

输出如下。准确率是包含正确实例的比例，而召回率反映了模型的敏感性。F-measure 是一个结合了召回率和准确率的指标。本质上，它反映了模型的运行情况。对于分词和 SBD 任务，最好将精度保持在 90% 以上：

```
Precision: 0.8181818181818182
Recall: 0.9
F-Measure: 0.8571428571428572
```

3.7　总结

在本章中，我们讨论了许多使断句成为一项困难任务的问题，例如句点用于数字和缩写所引起的问题。省略号和内嵌引号的使用也有问题。

Java 提供了两种检测句尾的技术。我们了解了正则表达式和 BreakIterator 类的使用。这些技术对于简单句子很有用，但是对于较复杂的句子却效果不佳。

还说明了各种 NLP API 的用法。其中一些是基于规则处理文本，而其他一些则是使用模型。我们还说明了如何训练和评估模型。

下一章，将学习如何使用文本寻找人和事物。

第4章

人物识别

识别人和事物的过程称为命名实体识别（NER）。实体（诸如人物和地点等）与具有名称的类别相关联，而这些名称识别了它们是什么。常见的实体类型包括：

- 人物
- 地点
- 机构
- 货币
- 日期
- URL

在文档中识别名称、位置和各种事物是非常重要且有用的 NLP 任务。它们被用于许多地方，例如进行简单的搜索、处理查询、解析引用、文本消歧以及确定文本含义。例如，NER 有时只对查找属于单一类别的实体感兴趣。使用分类，可以将搜索与那些项类型分离。其他 NLP 任务也要使用 NER，比如词性标注和进行交叉引用任务。

NER 过程涉及两个任务：

- 实体检测
- 实体分类

检测是指在文本中找到实体的位置。一旦找到它，确定被发现的实体是什么类型非常重要。这两个任务完成后，其结果可以用来解决其他任务，如搜索和确定文本的含义。例如，任务可能包括从电影或书评识别名字，并帮助找到可能感兴趣的其他电影或书籍。提取位置信息有助于对附近的服务提供参考。

本章将讨论以下主题：

- NER 难在何处
- NER 方法
- 使用正则化表达式进行 NER
- 使用 NLP API

- 使用 NER 注释工具构建新的数据集
- 训练模型

4.1 NER 难在何处

像许多 NLP 任务一样，NER 并不总是那么简单。尽管文本分词会揭示其组成部分，但了解它们的含义可能会很困难。由于语言的歧义，使用专有名词并不总是有效的。例如，"Penny" 和 "Faith" 虽然是有效名称，但也可以分别用于衡量货币和信仰。我们还可以找到诸如 "Georgia" 之类的单词，它被用作国家、州和个人的名称。我们也不能列出所有人员、地点或实体的列表，因为它们不是预先定义的。试着考虑以下两个简单句：

- Jobs are harder to find nowadays
- Jobs said dots will always connect

在这两句话中，第一句中 "jobs" 似乎是实体，但它们没有联系。在第二句中，它甚至不是一个实体。我们需要使用一些复杂的技术来检查上下文中实体的出现。句子可以以不同的方式使用同一实体名称。例如，IBM 和 International Business Machines，这两个术语在文本中都用来指代同一个实体，这对于 NER 来说，是一个挑战。再举一个例子，"Suzuki" 和 "Nissan" 可能被 NER 解释为人名，而不是公司的名字。

有些短语会具有挑战性。考虑短语 "Metropolitan Convention and Exhibit Hall" 一词，其本身可能是有效实体。因此，当其领域众所周知时，实体的列表可以很容易识别，并且也很容易实现。

NER 通常应用于句子层面，否则短语很容易连接句子，导致实体的错误识别。例如，以下这两句话：

"Bob went south. Dakota went west."

如果我们忽略句子的边界，那么我们可能会无意中发现 "South Dakota" 的位置实体。

诸如 URL、电子邮件地址和特殊数字等特殊文本可能很难区分。如果我们必须考虑实体形式的变化，那么这种识别就会更加困难。例如，电话号码是用括号括起来的吗？号码中是否使用破折号、句号或其他字符来分隔其各个部分？我们需要考虑国际电话号码吗？

这些因素促成了对成熟的 NER 技术的需求。

4.2 NER 方法

有许多可用的 NER 方法。有些使用正则表达式，有些基于预定义的字典。正则表达式有很强的表达能力，并可以区分实体。可以将实体名称字典与文本词项进行比较，以查找匹配项。

另一种常见的 NER 方法是使用经过训练的模型来检测实体的存在。这些模型依赖于我们正在寻找的实体类型和目标语言。适用于一个领域（如 web 页面）的模型可能不适用于另一个领域（如医学期刊）。

训练模型时，它将使用带注释的文本，该文本标识了感兴趣的实体。要衡量一个模型训练得如何，可以使用以下几种方法：

- 精确率：这是找到的实体与评估数据中的跨度相匹配的百分比。
- 召回率：它是在同一位置找到的在语料库中定义的实体的百分比。
- 性能度量：它给出精确率和召回率的调和平均值，F1 = 2 × 精确率 × 召回率 /（精确率 + 召回率）。

我们将在评估模型时使用这些度量。

NER 也称为实体识别和实体分块。分块是指对文本进行分析，以确定其组成部分，如名词、动词或其他成分。作为人类，我们更倾向于把一个句子分成不同的部分。这些部分构成了我们用来确定其含义的结构。NER 过程将创建文本范围，例如"Queen of England"。但是，在这些范围内可能还有其他实体，例如 "England"。

NER 系统可以使用不同的技术构建，可分为以下几类：

- 基于规则的方法是使用领域专家制定的规则来识别实体。基于规则的系统解析文本并生成解析树或其他某种抽象格式。它可以是使用词袋模型的基于列表的查找，也可以是需要对实体标识有深入的了解的基于语言学的研究。
- 机器学习方法使用基于模式学习的统计模型，其中名词被识别和分类。机器学习又可分为三种不同类型：
  - 监督学习，利用标签数据建立模型。
  - 半监督学习，使用标签的数据以及其他信息来建立模型。
  - 无监督学习，使用未标签的数据并从输入中学习。
- NE 提取通常用于从网页中提取数据。它不仅可以学习，也可以为 NER 形成或构建一个列表。

4.2.1 列表和正则表达式

有一种技术通过使用标准实体列表和正则表达式来识别命名实体。命名实体有时被称为专有名词。标准实体列表可以是状态、通用名称、月份或经常引用的位置的列表。地名表是包含与地图一起使用的地理信息的列表，它提供了与位置相关的实体的来源。然而，维护这样的列表可能很费时。它们也可以特定于语言和地域设置。对列表进行更改可能很乏味。我们将在 4.4.3.2 节中演示这种方法。正则表达式在标识实体时也很有用。

正则表达式在标识实体时很有用。它们强大的语法在许多情况下提供了足够的灵活性，可以准确地分离出感兴趣的实体。然而,这种灵活性也会使它们难以理解和维护。在本章中，我们将演示几种正则表达式方法。

4.2.2　统计分类器

统计分类器决定一个单词是实体的开始，还是实体的延续，或者根本不是一个实体。标记示例文本以区分实体。一旦分类器被开发出来，就可以针对不同的问题域对不同的数据集进行训练。这种方法的缺点是需要人为对示例文本进行注释，这是一个非常耗时的过程。此外，它还依赖于域。

我们将研究几种执行 NER 的方法。 首先,我们将说明如何使用正则表达式来标识实体。

4.3　使用正则表达式进行 NER

正则表达式可用于标识文档中的实体。我们将研究两种常用的方法：

- 第一种方法是使用 Java 支持的正则表达式。在实体相对简单且形式一致的情况下，这些方法非常有用。
- 第二种方法使用专门定制的正则表达式的类。为了说明这一点，我们将使用 LingPipe 的 RegExChunker 类。

在使用正则表达式时，避免重复是有利的。有许多预定义和经过测试的表达式，像这样的库可以在 http://regexlib.com/Default.aspx 上找到。在我们的示例中，我们将使用这个库中的几个正则表达式。

为了测试这些方法的效果，我们在大多数示例中使用以下文本：

```
private static String regularExpressionText
    = "He left his email address (rgb@colorworks.com) and his "
    + "phone number,800-555-1234. We believe his current address "
    + "is 100 Washington Place, Seattle, CO 12345-1234. I "
    + "understand you can also call at 123-555-1234 between "
    + "8:00 AM and 4:30 most days. His URL is http://example.com "
    + "and he was born on February 25, 1954 or 2/25/1954.";
```

4.3.1　使用 Java 的正则表达式来寻找实体

为了演示如何使用这些表达式，我们将从几个简单的示例开始。初始示例以下面的声明开始。这是一个简单的表达式，用来识别特定类型的电话号码：

```
String phoneNumberRE = "\\d{3}-\\d{3}-\\d{4}";
```

我们将使用以下代码来测试简单表达式。Pattern 类的 compile 方法获取正则表达式并将其编译成 Pattern 对象。然后对目标文本执行 matcher 方法，将返回 Matcher 对象。该对象允许我们能够重复标识正则表达式匹配项：

```
Pattern pattern = Pattern.compile(phoneNumberRE);
Matcher matcher = pattern.matcher(regularExpressionText);
while (matcher.find()) {
    System.out.println(matcher.group() + " [" + matcher.start()
        + ":" + matcher.end() + "]");
}
```

如果匹配，find 方法将返回 true。它的 group 方法返回与表达式匹配的文本。它的 start 和 end 方法为我们提供了匹配文本在目标文本中的位置。

执行时，我们将得到以下输出：

```
800-555-1234 [68:80]
123-555-1234 [196:208]
```

许多其他的正则表达式也可以以类似的方式使用。表 4-1 中列出了一些正则表达式。第三列是在前面的代码序列中使用相应的正则表达式时产生的输出。

表 4-1

实体类型	正则表达式	输出
URL	\\b(https?|ftp|file|ldap)://[-A-Za-z0-9+&@#/%?~_|!:,.;]*[-A-Za-z0-9+&@#/%=~_|]	http://example.com [256:274]
邮政编码	[0-9]{5}(\\-?[0-9]{4})?	12345-1234 [150:160]
邮箱	[a-zA-Z0-9'._%+-]+@(?:[a-zA-Z0-9-]+\\.)+[a-zA-Z]{2,4}	rgb@colorworks.com [27:45]
时间	((([0-1]?[0-9])|([2][0-3])):([0-5]?[0-9])(:([0-5]?[0-9]))?)	8:00 [217:221] 4:30 [229:233]
日期	((0?[13578]|10|12)(-|\\/)(([1-9])|(0[1-9])|([12])([0-9]?)|(3[01]?))(-|\\/)((19)([2-9])(\\d{1})|(20)([01])(\\d{1})|([8901])(\\d{1}))|(0?[2469]|11)(-|\\/)(([1-9])|(0[1-9])|([12])([0-9]?)|(3[0]?))(-|\\/)((19)([2-9])(\\d{1})|(20)([01])(\\d{1})|([8901])(\\d{1})))	2/25/1954 [315:324]

我们还可以使用许多其他的正则表达式。然而，这些示例只演示了一些基本的技术。正如日期正则表达式所演示的，其中一些可能非常复杂。

正则表达式经常会遗漏掉一些实体，并将其他非实体错误地报告为实体。例如，我们可以用以下表达式替换文本。

```
regularExpressionText =
    "(888)555-1111 888-SEL-HIGH 888-555-2222-J88-W3S";
```

运行代码将返回:

```
888-555-2222 [27:39]
```

它漏掉了前两个电话号码, 并将部分数字错误地报告为电话号码。

我们还可以使用"|"操作符一次搜索多个正则表达式。在下面的语句中, 使用这个操作符组合了三个正则表达式, 它们是使用上表中相应的条目声明的:

```
Pattern pattern = Pattern.compile(phoneNumberRE + "|"
    + timeRE + "|" + emailRegEx);
```

当使用 4.3 节开头定义的原始 regularExpressionText 文本执行时, 我们将得到以下输出:

```
rgb@colorworks.com [27:45]
800-555-1234 [68:80]
123-555-1234 [196:208]
8:00 [217:221]
4:30 [229:233]
```

4.3.2 使用 LingPipe 的 RegExChunker 类

RegExChunker 类使用块查找文本中的实体。该类使用正则表达式表示实体。 它的 chunk 方法返回一个 Chunking 对象, 该对象的使用可以像在前面的示例中使用一样。

RegExChunker 类的构造函数有三个参数:

- String:正则表达式。
- String:实体或类别类型。
- double:分数值。

在下面的例子中, 我们将使用表示时间的正则表达式演示这个类。正则表达式与 4.3.1 节中使用的正则表达式相同。创建 Chunker 实例:

```
String timeRE =
    "(([0-1]?[0-9])|([2][0-3])):([0-5]?[0-9])(:([0-5]?[0-9]))?";
        Chunker chunker = new RegExChunker(timeRE,"time",1.0);
```

使用 Chunk 和 displayChunkSet 方法, 如下所示:

```
Chunking chunking = chunker.chunk(regularExpressionText);
Set<Chunk> chunkSet = chunking.chunkSet();
displayChunkSet(chunker, regularExpressionText);
```

下面的代码段中显示了 displayChunkSet 方法。其中 chunkSet 方法返回一组 Chunk 实例 set。我们可以使用各种不同的方法显示块的特定部分:

```
public void displayChunkSet(Chunker chunker, String text) {
    Chunking chunking = chunker.chunk(text);
    Set<Chunk> set = chunking.chunkSet();
    for (Chunk chunk : set) {
```

```
            System.out.println("Type: " + chunk.type() + " Entity: ["
                + text.substring(chunk.start(), chunk.end())
                + "] Score: " + chunk.score());
        }
    }
```

输出如下：

```
Type: time Entity: [8:00] Score: 1.0
Type: time Entity: [4:30] Score: 1.0+95
```

或者，我们可以声明一个简单类来封装正则表达式，从而使其在其他情况下可以重用。接下来，声明 TimeRegexChunker 类，它支持时间实体的标识：

```
public class TimeRegexChunker extends RegExChunker {
    private final static String TIME_RE =
        "(([0-1]?[0-9])|([2][0-3])):([0-5]?[0-9])(:([0-5]?[0-9]))?";
    private final static String CHUNK_TYPE = "time";
    private final static double CHUNK_SCORE = 1.0;
    public TimeRegexChunker() {
        super(TIME_RE,CHUNK_TYPE,CHUNK_SCORE);
    }
}
```

要使用此类，请将本节对 chunker 的初始声明替换为以下声明：

```
Chunker chunker = new TimeRegexChunker();
```

输出将与之前相同。

4.4　使用 NLP API

我们将使用 OpenNLP、Stanford API 和 LingPipe 演示 NER 过程。这些中的每一个都提供了替代技术，这些技术通常都可以很好地识别文本中的实体。以下声明将作为示例文本来演示 API：

```
String sentences[] = {"Joe was the last person to see Fred. ",
    "He saw him in Boston at McKenzie's pub at 3:00 where he "
    + " paid $2.45 for an ale. ",
    "Joe wanted to go to Vermont for the day to visit a cousin who "
    + "works at IBM, but Sally and he had to look for Fred"};
```

4.4.1　使用 OpenNLP 进行 NER

我们将演示使用 OpenNLP API 的 TokenNameFinderModel 类来进行 NLP。此外，我们将演示如何确定所标识实体正确的概率。

一般方法是将文本转换为一系列被分词器分词的句子，使用适当的模型创建 TokenNameFinderModel 类的实例，然后使用 find 方法标识文本中的实体。

下面的示例演示 TokenNameFinderModel 类的用法。 我们将首先使用一个简单句，然后使用复杂句。 sentence 定义如下：

```
String sentence = "He was the last person to see Fred.";
```

我们将分别使用 en-token.bin 和 en-ner-person.bin 文件中的模型作为分词器和名称查找器模型。使用 try-with-resources 块打开这些文件的 InputStream 对象，如下所示：

```
try (InputStream tokenStream = new FileInputStream(
        new File(getModelDir(), "en-token.bin"));
        InputStream modelStream = new FileInputStream(
            new File(getModelDir(), "en-ner-person.bin"));) {
    ...

} catch (Exception ex) {
    // Handle exceptions
}
```

在 try 块中，将创建 TokenizerModel 和 Tokenizer 对象：

```
TokenizerModel tokenModel = new TokenizerModel(tokenStream);
Tokenizer tokenizer = new TokenizerME(tokenModel);
```

接下来，使用 person 模型创建 NameFinderME 类的实例：

```
TokenNameFinderModel entityModel =
    new TokenNameFinderModel(modelStream);
NameFinderME nameFinder = new NameFinderME(entityModel);
```

我们现在可以使用 tokenize 方法来标记文本，使用 find 方法来标识文本中的人。find 方法将使用被标记解析的 String 数组作为输入，并返回一个 Span 对象数组，如下所示：

```
String tokens[] = tokenizer.tokenize(sentence);
Span nameSpans[] = nameFinder.find(tokens);
```

我们在第 3 章中讨论了 Span 类。这个类会保存实体的位置信息。实际的字符串实体仍在 tokens 数组中。

下面的 for 语句显示在句子中找到的人。其位置信息和人员显示在单独的行中：

```
for (int i = 0; i < nameSpans.length; i++) {
    System.out.println("Span: " + nameSpans[i].toString());
    System.out.println("Entity: "
        + tokens[nameSpans[i].getStart()]);
}
```

输出如下：

```
Span: [7..9) person
Entity: Fred
```

我们经常会使用多个句子。为了演示这一点，我们将使用前面定义的 sentences 字符串数组。前面的 for 语句将被替换为以下序列。对每个句子调用 tokenize 方法，然后显示实体信息，像之前那样：

```
for (String sentence : sentences) {
    String tokens[] = tokenizer.tokenize(sentence);
    Span nameSpans[] = nameFinder.find(tokens);
    for (int i = 0; i < nameSpans.length; i++) {
        System.out.println("Span: " + nameSpans[i].toString());
        System.out.println("Entity: "
            + tokens[nameSpans[i].getStart()]);
    }
    System.out.println();
}
```

输出如下。由于第二句不包含 person，因此在检测到的两个人之间还有一个空白行：

```
Span: [0..1) person
Entity: Joe
Span: [7..9) person
Entity: Fred

Span: [0..1) person
Entity: Joe
Span: [19..20) person
Entity: Sally
Span: [26..27) person
Entity: Fred
```

4.4.1.1　确定实体的准确性

TokenNameFinderModel 识别文本中的实体时，它计算了该实体的概率。我们可以使用 probs 方法访问这些信息，如下面的代码所示。此方法返回一个双精度数组，它对应于 nameSpans 数组的元素：

```
double[] spanProbs = nameFinder.probs(nameSpans);
```

在使用 find 方法之后立即将此语句添加到上一个示例中。然后，在嵌套 for 语句的末尾添加以下语句：

```
System.out.println("Probability: " + spanProbs[i]);
```

运行此示例得到以下输出。概率反映了实体分配的置信度水平。对于第一个实体，模型有 80.529% 的信心认为 "Joe" 是 "person"：

```
Span: [0..1) person
Entity: Joe
Probability: 0.8052914774025202
Span: [7..9) person
Entity: Fred
Probability: 0.9042160889302772
Span: [0..1) person
Entity: Joe
Probability: 0.9620970782763985
```

```
Span: [19..20) person
Entity: Sally
Probability: 0.964568603518126
Span: [26..27) person
Entity: Fred
Probability: 0.990383039618594
```

4.4.1.2 使用其他实体类型

表 4-2 列出了 OpenNLP 支持的不同库。 这些模型可以从 http://opennlp.sourceforge.net/models-1.5/ 下载。en 前缀指定英语为语言，而 ner 表示该模型适用于 NER。

表　4-2

英语查找模型	文件名
Location name finder model	en-ner-location.bin
Money name finder model	en-ner-money.bin
Organization name finder model	en-ner-organization.bin
Percentage name finder model	en-ner-percentage.bin
Person name finder model	en-ner-person.bin
Time name finder model	en-ner-time.bin

如果我们将语句修改为使用不同的模型文件，我们可以看到它们是如何与示例语句对照的：

```
InputStream modelStream = new FileInputStream(
    new File(getModelDir(), "en-ner-time.bin"));) {
```

表 4-3 显示了不同的输出结果。

表　4-3

模型	输出
en-ner-location.bin	Span: [4..5) location Entity: Boston Probability: 0.8656908776583051 Span: [5..6) location Entity: Vermont Probability: 0.9732488014011262
en-ner-money.bin	Span: [14..16) money Entity: 2.45 Probability: 0.7200919701507937
en-ner-organization.bin	Span: [16..17) organization Entity: IBM Probability: 0.9256970736336729
en-ner-time.bin	The model was not able to detect time in this text sequence

使用 en-ner-money.bin 模型时，前面代码序列中的词项数组中的索引必须增加 1。否则，

返回的值是美元符号。

　　模型在示例文本中找不到时间实体。这说明模型没有足够的信心在文本中找到任何时间实体。

4.4.1.3　处理多种实体类型

　　我们还可以同时处理多种实体类型。这涉及根据循环中的每个模型创建 NameFinderME 类的实例，且将模型应用于每个句子，并在找到实体时跟踪它们。

　　我们将通过以下示例说明此过程。这需要重写先前的 try 块，来在该块内创建 InputStream 实例，如下所示：

```
try {
    InputStream tokenStream = new FileInputStream(
        new File(getModelDir(), "en-token.bin"));
    TokenizerModel tokenModel = new TokenizerModel(tokenStream);
    Tokenizer tokenizer = new TokenizerME(tokenModel);
    ...
} catch (Exception ex) {
    // Handle exceptions
}
```

　　在 try 块中，我们将定义一个 String 数组来保存模型文件的名称。如下所示，我们将为人员、地点和组织使用模型：

```
String modelNames[] = {"en-ner-person.bin",
    "en-ner-location.bin", "en-ner-organization.bin"};
```

　　创建一个 ArrayList 实例来保存发现的实体：

```
ArrayList<String> list = new ArrayList();
```

　　foreach 语句用于每次加载一个模型，然后创建 NameFinderME 类的一个实例：

```
for(String name : modelNames) {
    TokenNameFinderModel entityModel = new TokenNameFinderModel(
        new FileInputStream(new File(getModelDir(), name)));
    NameFinderME nameFinder = new NameFinderME(entityModel);
    ...
}
```

　　在此之前，我们并没有试图识别实体在哪些句子中被发现。这并不难做到，但是我们需要使用简单的 for 语句而不是 foreach 语句来跟踪句子索引。这将在下面的示例中显示，前面的示例已经修改为使用 index 整数变量来保存句子。否则，代码的工作方式会与以前相同。

```
for (int index = 0; index < sentences.length; index++) {
    String tokens[] = tokenizer.tokenize(sentences[index]);
    Span nameSpans[] = nameFinder.find(tokens);
    for(Span span : nameSpans) {
        list.add("Sentence: " + index
            + " Span: " + span.toString() + " Entity: "
            + tokens[span.getStart()]);
```

```
    }
}
```

显示发现的实体：

```
for(String element : list) {
    System.out.println(element);
}
```

输出如下：

```
Sentence: 0 Span: [0..1) person Entity: Joe
Sentence: 0 Span: [7..9) person Entity: Fred
Sentence: 2 Span: [0..1) person Entity: Joe
Sentence: 2 Span: [19..20) person Entity: Sally
Sentence: 2 Span: [26..27) person Entity: Fred
Sentence: 1 Span: [4..5) location Entity: Boston
Sentence: 2 Span: [5..6) location Entity: Vermont
Sentence: 2 Span: [16..17) organization Entity: IBM
```

4.4.2   使用 Stanford API 进行 NER

我们将演示用于执行 NER 的 CRFClassifier 类。此类实现了所谓的线性链条件随机场（CRF）序列模型。

为了展示 CRFClassifier 类的使用，我们将从声明分类器文件字符串开始，如下所示：

```
String model = getModelDir() +
    "\\english.conll.4class.distsim.crf.ser.gz";
```

使用 model 创建分类器：

```
CRFClassifier<CoreLabel> classifier =
    CRFClassifier.getClassifierNoExceptions(model);
```

classify 方法采用单个字符串表示要处理的文本。要使用 sentences 文本，我们需要将其转换为简单的字符串：

```
String sentence = "";
for (String element : sentences) {
    sentence += element;
}
```

将 classify 方法应用于文本：

```
List<List<CoreLabel>> entityList = classifier.classify(sentence);
```

返回 CoreLabel 对象的 List 实例的 List 实例。返回的对象是一个列表，这个列表包含另一个列表。被包含的列表是 CoreLabel 对象的 List 实例。CoreLabel 类表示附有附加信息的单词。internal 列表包含许多单词。在下面的代码序列的外 for-each 语句中，引用变量 internalList 表示文本中的一个句子。在内 for-each 语句中，将显示内列表中的每个单词。word 方法返回单词，get 方法返回单词的类型。然后显示单词及其类型。

```
for (List<CoreLabel> internalList: entityList) {
    for (CoreLabel coreLabel : internalList) {
        String word = coreLabel.word();
        String category = coreLabel.get(
            CoreAnnotations.AnswerAnnotation.class);
        System.out.println(word + ":" + category);
    }
}
```

部分输出如下。由于所有单词都需要显示,因此有所删减。"O"代表其他(other)类别:

```
Joe:PERSON
was:O
the:O
last:O
person:O
to:O
see:O
Fred:PERSON
.:O
He:O ... look:O for:O Fred:PERSON
```

要过滤掉不相关的单词,请用以下语句替换 println 语句。这将消除其他类别:

```
if (!"O".equals(category)) {
    System.out.println(word + ":" + category);
}
```

输出变得更简单了。

```
Joe:PERSON
Fred:PERSON
Boston:LOCATION
McKenzie:PERSON
Joe:PERSON
Vermont:LOCATION
IBM:ORGANIZATION
Sally:PERSON
Fred:PERSON
```

4.4.3　使用 LingPipe 进行 NER

在 4.3 节中,我们使用正则表达式演示了 LingPipe 的使用。在这里,我们将演示如何使用命名实体模型和 ExactDictionaryChunker 类来进行 NER 分析。

4.4.3.1　使用 LingPipe 的命名实体模型

LingPipe 有一些命名实体模型,我们可以将它们进行分块。这些文件由一个序列化对象组成,该对象可以从文件中读取,然后应用于文本。这些对象实现了 Chunker 接口。分块过程产生了一系列 Chunking 对象,这些对象标识了感兴趣的实体。

表 4-4 列出了 NER 模型。这些模型可以从 http://alias-i.com/lingpipe/web/models.html

下载。

表　4-4

类型	语料库	文件
English news	MUC-6	ne-en-news-muc6.AbstractCharLmRescoringChunker
English genes	GeneTag	ne-en-bio-genetag.HmmChunker
English genomics	GENIA	ne-en-bio-genia.TokenShapeChunker

我们将使用 ne-en-news-muc6.AbstractCharLmRescoringChunker 文件中的模型来演示如何使用这个类。我们将从 try...catch 块开始处理异常，如下例所示。打开该文件并与 AbstractExternalizable 类的静态 readObject 方法一起使用来创建 Chunker 类的实例。此方法将读取序列化模型：

```
try {
    File modelFile = new File(getModelDir(),
        "ne-en-news-muc6.AbstractCharLmRescoringChunker");
    Chunker chunker = (Chunker)
        AbstractExternalizable.readObject(modelFile);
    ...
} catch (IOException | ClassNotFoundException ex) {
    // Handle exception
}
```

Chunker 和 Chunking 接口提供了处理一组文本块的方法。它的 chunk 方法返回一个实现 Chunking 实例的对象。下面的序列显示了文本中每个句子中的块，如下所示：

```
for (int i = 0; i < sentences.length; ++i) {
    Chunking chunking = chunker.chunk(sentences[i]);
    System.out.println("Chunking=" + chunking);
}
```

此序列输出如下：

```
    Chunking=Joe was the last person to see Fred.  : [0-3:PERSON@-Infinity,
31-35:ORGANIZATION@-Infinity]
    Chunking=He saw him in Boston at McKenzie's pub at 3:00 where he paid
$2.45 for an ale.  : [14-20:LOCATION@-Infinity, 24-32:PERSON@-Infinity]
    Chunking=Joe wanted to go to Vermont for the day to visit a cousin who
works at IBM, but Sally and he had to look for Fred : [0-3:PERSON@-
Infinity, 20-27:ORGANIZATION@-Infinity, 71-74:ORGANIZATION@-Infinity,
109-113:ORGANIZATION@-Infinity]
```

另外，我们可以使用 Chunk 类的方法来提取特定的信息片段，如下面的代码所示。我们将用下面的 foreach 语句替换前面的 for 语句。这将调用在 4.3.2 节中提到的 displayChunkSet 方法。

```
for (String sentence : sentences) {
    displayChunkSet(chunker, sentence);
}
```

下面输出显示了结果。但是，它并不总是正确匹配实体类型：

```
Type: PERSON Entity: [Joe] Score: -Infinity
Type: ORGANIZATION Entity: [Fred] Score: -Infinity
Type: LOCATION Entity: [Boston] Score: -Infinity
Type: PERSON Entity: [McKenzie] Score: -Infinity
Type: PERSON Entity: [Joe] Score: -Infinity
Type: ORGANIZATION Entity: [Vermont] Score: -Infinity
Type: ORGANIZATION Entity: [IBM] Score: -Infinity
Type: ORGANIZATION Entity: [Fred] Score: -Infinity
```

4.4.3.2 使用 ExactDictionaryChunker 类

ExactDictionaryChunker 类提供了一种简单方法来创建实体及其类型的字典，这些实体及其类型可用于以后在文本中查找它们。它使用 MapDictionary 对象来存储条目，然后使用 ExactDictionaryChunker 类根据字典提取块。

AbstractDictionary 接口支持实体、类别和分数的基本操作。分数用于匹配过程。MapDictionary 和 TrieDictionary 类实现 AbstractDictionary 接口。TrieDictionary 类使用字符字典树结构存储信息。这种方法使用较少的内存，因此当内存有限时，此方法效果很好。我们将使用 MapDictionary 类作为示例。

为了说明这种方法，我们将从 MapDictionary 类的声明开始：

```
private MapDictionary<String> dictionary;
```

字典将包含我们感兴趣的实体。我们需要初始化模型，如下面的 initializeDictionary 方法所示。这里使用 DictionaryEntry 构造函数接受三个参数。

- String：实体名称。
- String：实体类别。
- Double：表示实体的分数。

分数用于确定匹配项。一些实体被声明并添加到字典中：

```
private static void initializeDictionary() {
    dictionary = new MapDictionary<String>();
    dictionary.addEntry(
        new DictionaryEntry<String>("Joe","PERSON",1.0));
    dictionary.addEntry(
        new DictionaryEntry<String>("Fred","PERSON",1.0));
    dictionary.addEntry(
        new DictionaryEntry<String>("Boston","PLACE",1.0));
    dictionary.addEntry(
        new DictionaryEntry<String>("pub","PLACE",1.0));
    dictionary.addEntry(
        new DictionaryEntry<String>("Vermont","PLACE",1.0));
```

```
dictionary.addEntry(
    new DictionaryEntry<String>("IBM","ORGANIZATION",1.0));
dictionary.addEntry(
    new DictionaryEntry<String>("Sally","PERSON",1.0));
}
```

ExactDictionaryChunker 实例将使用此字典。ExactDictionaryChunker 类的参数详细如下。

- Dictionary<String>：一个包含实体的字典。
- TokenizerFactory：chunker 使用的一个分词器。
- boolean：如果为 true，则 chunker 应返回所有匹配项。
- boolean：如果为 true，则匹配是区分大小写的。

匹配内容允许重叠。例如，短语 "The First National Bank"，"Bank" 实体能独立使用也能和短语中的其他成分配合使用，第三个参数 boolean，决定是否返回所有的匹配项。

按以下代码序列先初始化字典。然后，我们使用 Indo-European 分词器创建 ExactDictionaryChunker 类的一个实例，会返回所有忽略大小写的匹配项：

```
initializeDictionary();
ExactDictionaryChunker dictionaryChunker
    = new ExactDictionaryChunker(dictionary,
        IndoEuropeanTokenizerFactory.INSTANCE, true, false);
```

逐句使用 dictionaryChunker 对象。如下代码所示，我们将使用 4.3.2 节所提到的 displayChunkSet 函数：

```
for (String sentence : sentences) {
    System.out.println("\nTEXT=" + sentence);
    displayChunkSet(dictionaryChunker, sentence);
}
```

运行得到如下输出：

```
TEXT=Joe was the last person to see Fred.
Type: PERSON Entity: [Joe] Score: 1.0
Type: PERSON Entity: [Fred] Score: 1.0
TEXT=He saw him in Boston at McKenzie's pub at 3:00 where he paid $2.45 for
an ale.
Type: PLACE Entity: [Boston] Score: 1.0
Type: PLACE Entity: [pub] Score: 1.0
TEXT=Joe wanted to go to Vermont for the day to visit a cousin who works at
IBM, but Sally and he had to look for Fred
Type: PERSON Entity: [Joe] Score: 1.0
Type: PLACE Entity: [Vermont] Score: 1.0
Type: ORGANIZATION Entity: [IBM] Score: 1.0
Type: PERSON Entity: [Sally] Score: 1.0
Type: PERSON Entity: [Fred] Score: 1.0
```

任务完成得很好，但需要很大的精力创建包含大量词汇的字典。

4.5　使用 NER 注释工具构建新数据集

有许多不同形式的注释工具。有些是独立的，可以在本地机器上配置或安装，有些是基于云的，有些是免费的，有些是付费的。在本节中，我们将重点介绍免费的注释工具，了解如何使用它们，并了解使用注释可以实现哪些功能。

为了了解如何使用注释来创建数据集，我们将研究以下工具：

- brat
- Stanford Annotator

brat 代表 brat 快速注释工具，可以在 http://brat.nlplab.org/ index.html 上找到，它可以在线或离线使用。在本地计算机上安装很简单，按照 http://brat.nlplab.org/installation.html 上列出的步骤进行操作即可。安装并运行后，打开浏览器（如图 4-1 所示）。你需要在 data/test 目录中创建一个 text1.txt 文件，其内容如下：

```
Joe was the last person to see Fred. He saw him in Boston at McKenzie's pub
at 3:00 where he paid $2.45 for an ale. Joe wanted to go to Vermont for the
day to visit a cousin who works at IBM, but Sally and he had to look for
Fred.
```

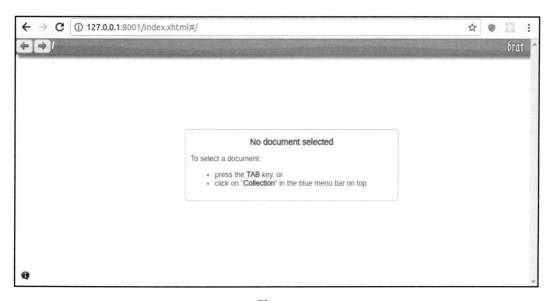

图　4-1

由于它显示"No document selected"，因此可以使用 Tab 键选择文档（如图 4-2 所示）。我们将创建一个名为 text1.txt 的文本文件，与前面示例中用于处理的内容相同。

图　4-2

如图 4-3 所示，显示 text1.txt 文件的内容。

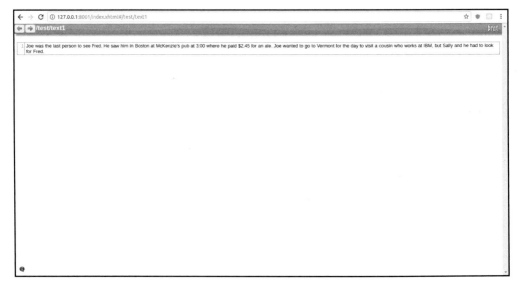

图　4-3

要注释文档，首先我们必须登录，如图 4-4 所示。

图 4-4

登录后，选择要注释的任意单词，这将打开带有列出或配置的实体类型和事件类型的 "New Annotation" 窗口，如图 4-5 所示。所有这些信息都存储在 data/test 目录的 annotation. conf 文件中并预先配置。你可以根据需要修改文件。

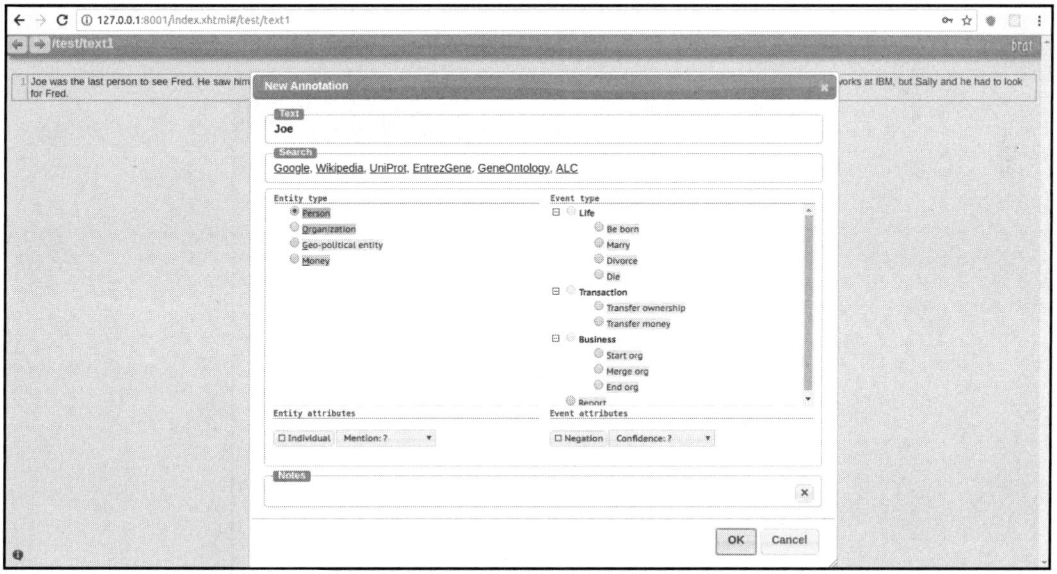

图 4-5

当我们继续选择文本时，文本上将显示注释，如图 4-6 所示。

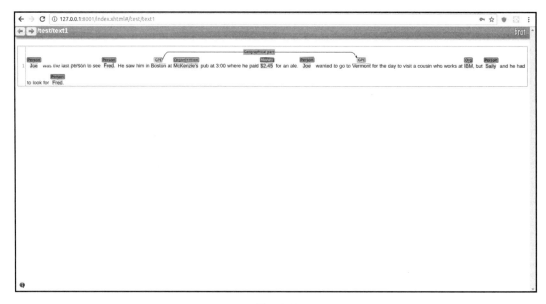

图 4-6

保存后，可以发现该注释文件为 text1.ann [Filename.ann]。

另一个工具是 Stanford Annotation 工具，可以从 https://nlp.Stanford.edu/software/
Stanford-manual-Annotation-tool-2004-05-16.tar.gz 下载。下载后，解压并双击 annotator.jar，
或执行 > java -jar annotator.jar 命令。它将显示如图 4-7 所示的内容。

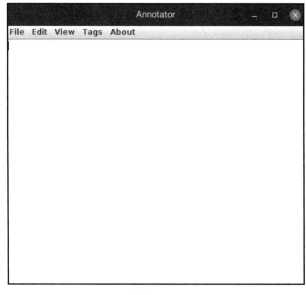

图 4-7

你可以打开任何文本文件，也可以编写内容并保存该文件。为了说明如何使用 Stanford Annotation 工具，我们将再次使用在上一个示例中使用注释的文本。

一旦内容可用，下一步就是创建标签。从"Tags"菜单中，选择"Add Tag"选项，将打开"Tag creation"窗口，如图 4-8 所示。

图　4-8

输入标签名并单击"OK"。然后选择标签的颜色。它将在主窗口的右侧窗格中显示标签，如图 4-9 所示。

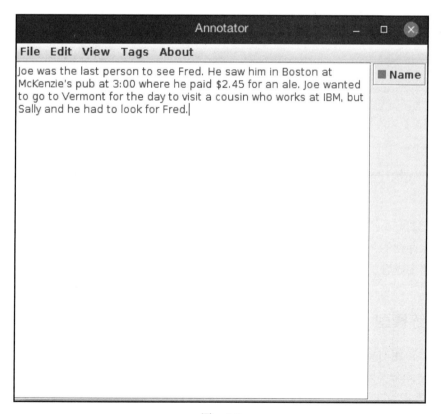

图　4-9

同样，我们可以创建任意数量的标签。创建标签后，下一步就是对文本进行注释。 例如，要注释文本"Joe"，请使用鼠标选择文本，然后单击右侧的"Name"标签。它将在文本中添加标记，如图 4-10 所示。

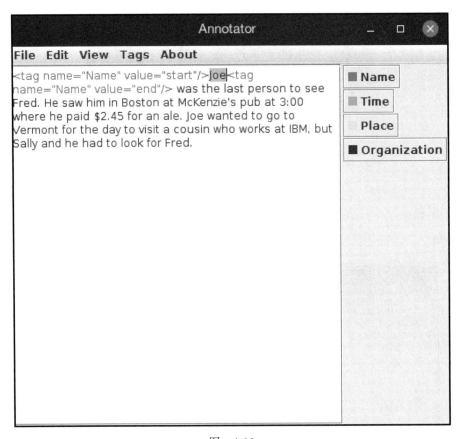

图　4-10

用我们对"Joe"所做的相同方式，我们可以根据需要标记任何其他文本，并保存文件。另外可以保存标签，以便在其他文本上重用它。保存的文件是普通的文本文件，可以在任何文本编辑器中查看。

4.6　训练模型

我们将使用 OpenNLP 演示如何训练模型。使用的训练文件必须：

- 包含划分实体的标记
- 每行一个句子

我们将使用名为 en-ner-person.train 的模型文件。

```
<START:person> Joe <END> was the last person to see <START:person> Fred
<END>.
He saw him in Boston at McKenzie's pub at 3:00 where he paid $2.45 for an
ale.
<START:person> Joe <END> wanted to go to Vermont for the day to visit a
cousin who works at IBM, but <START:person> Sally <END> and he had to look
for <START:person> Fred <END>.
```

本例中的几个方法会引发异常。这些语句将被放置在 try-with-resource 块中，同时创建模型的输出流，如下所示：

```
try (OutputStream modelOutputStream = new BufferedOutputStream(
        new FileOutputStream(new File("modelFile")));) {
    ...
} catch (IOException ex) {
    // Handle exception
}
```

在块中，我们使用 PlainTextByLineStream 类创建一个 OutputStream<String> 对象。这个类的构造函数接受一个 FileInputStream 实例，并以 String 对象的形式返回每一行。将 en-ner-person.train 文件作为输入文件，如下所示。UTF-8 字符串是指使用的编码序列：

```
ObjectStream<String> lineStream = new PlainTextByLineStream(
    new FileInputStream("en-ner-person.train"), "UTF-8");
```

lineStream 对象包含用标签描述文本中实体的注释流。这些对象需要转换为 NameSample 对象，以便对模型进行训练。这个转换是由 NameSampleDataStream 类执行的，如下所示。NameSample 对象保存在文本中发现的实体名称：

```
ObjectStream<NameSample> sampleStream =
    new NameSampleDataStream(lineStream);
```

按以下方式执行 train 方法：

```
TokenNameFinderModel model = NameFinderME.train(
    "en", "person",  sampleStream,
    Collections.<String, Object>emptyMap(), 100, 5);
```

方法的参数如表 4-5 所示。

表 4-5

参数	含义
"en"	语言
"person"	实体类型
sampleStream	采样数据
null	资源
100	迭代的次数
5	截止条件

然后将模型序列化为输出文件：

```
model.serialize(modelOutputStream);
```

输出如下。为了节省空间而缩短了输出。提供了模型创建的基本信息：

```
Indexing events using cutoff of 5
  Computing event counts... done. 53 events
  Indexing... done.
Sorting and merging events... done. Reduced 53 events to 46.
Done indexing.
Incorporating indexed data for training...
done.
  Number of Event Tokens: 46
    Number of Outcomes: 2
   Number of Predicates: 34
...done.
Computing model parameters ...
Performing 100 iterations.
  1:  ... loglikelihood=-36.73680056967707  0.05660377358490566
  2:  ... loglikelihood=-17.499660626361216  0.9433962264150944
  3:  ... loglikelihood=-13.216835449617108  0.9433962264150944
  4:  ... loglikelihood=-11.461783667999262  0.9433962264150944
  5:  ... loglikelihood=-10.380239416084963  0.9433962264150944
  6:  ... loglikelihood=-9.570622475692486  0.9433962264150944
  7:  ... loglikelihood=-8.919945779143012  0.9433962264150944
...
 99:  ... loglikelihood=-3.513810438211968  0.9622641509433962
100:  ... loglikelihood=-3.507213816708068  0.9622641509433962
```

评估模型

可以使用 TokenNameFinderEvaluator 类来评估模型。评估过程使用标记好的示例文本来进行评估。对于这个简单示例，创建一个名为 en-ner-person.eval 的文件，它包含以下文本：

```
<START:person> Bill <END> went to the farm to see <START:person> Sally
<END>.
Unable to find <START:person> Sally <END> he went to town.
There he saw <START:person> Fred <END> who had seen <START:person> Sally
<END> at the book store with <START:person> Mary <END>.
```

以下代码用于模型的评估。前面的模型用作 TokenNameFinderEvaluator 构造函数的参数。根据评估文件创建一个 NameSampleDataStream 实例。用 TokenNameFinderEvaluator 类的 evaluate 方法进行评估：

```
TokenNameFinderEvaluator evaluator =
    new TokenNameFinderEvaluator(new NameFinderME(model));
lineStream = new PlainTextByLineStream(
    new FileInputStream("en-ner-person.eval"), "UTF-8");
sampleStream = new NameSampleDataStream(lineStream);
evaluator.evaluate(sampleStream);
```

执行 getFMeasure 方法来确定模型处理评估数据的效果如何。然后显示结果：

```
FMeasure result = evaluator.getFMeasure();
System.out.println(result.toString());
```

下面的输出显示 Precision（精确率）、Recall（召回率）和 F-Measure。Precision 值表示找到的实体中有 50% 与评估数据完全匹配。Recall 是在语料库中定义的在同一位置找到的实体的百分比。评估性能的指标为调和平均值，它被定义为 F1=2 × 精确率 × 召回率 /（召回率 + 精确率）：

```
Precision: 0.5 Recall: 0.25 F-Measure: 0.3333333333333333
```

为了创建更好的模型，数据和评估集应该更大。这里的目的只是演示用于训练和评估 POS 模型的基本方法。

4.7 总结

NER 涉及检测实体，然后对它们进行分类。常见的类别包括人名、地名和事物。这是许多应用程序用来支持搜索、解析引用和查找文本含义的重要任务。该流程经常用于后续的任务。

我们研究了进行 NER 的几种技术。正则表达式是 Java 核心类和 NLP API 都支持的一种方法。这种技术对于许多应用程序都很有用，并且有大量的正则表达式库可用。

基于字典的方法也是可行的，并且在一些应用中也很有效。然而，有时需要尽力来填充字典。我们用了 LingPipe 的 MapDictionary 类来说明此方法。

训练好的模型也可以用来进行 NER。我们测试了其中的几个模型，并演示了如何使用 OpenNLP NameFinderME 类来训练模型。这个过程与早期的训练过程非常相似。

下一章，我们将学习如何判断词性，例如名词、形容词和介词。

CHAPTER 5

第 5 章

词 性 判 断

在此之前，我们确定了文本的某些部分，比如人、地点和事物。在本章中，我们将研究词性（Part of Speech，POS）标注的过程。这些是英语中识别语法元素的部分，如名词和动词。我们会发现，单词的上下文是确定单词类型的一个重要方面。

我们将研究词性标注过程，它本质上是为一个词性分配一个标签。这个过程是检测词性的核心。我们将简要讨论为什么词性标记很重要，然后检查使检测词性变得困难的各种因素，之后使用各种自然语言处理（NLP）API 来说明标注过程。我们还将演示如何训练一个模型来处理特殊文本。

本章将讨论以下主题：

- 词性标注
- 使用 NLP API

5.1 词性标注

标注是将描述分配给词项或部分文本的过程。此描述称为标签。词性标注是将词性标签分配给词项的过程。这些标签通常是语法标签，如名词、动词和形容词。例如，请考虑以下句子：

"The cow jumped over the moon."

对于许多这样的初始示例，我们将使用 OpenNLP 标注器来演示词性标注器的结果，5.2.1 节将对此进行讨论。如果对前面的示例使用词性标注器，我们将得到以下结果。请注意，单词后面会跟一个正斜杠，接着是它们的词性标签。这些标签会稍后说明：

```
The/DT cow/NN jumped/VBD over/IN the/DT moon./NN
```

根据上下文,单词可能有多个关联的标签。例如,单词"saw"可以是名词,也可以是动词。当单词可以分为不同的类别时，将使用诸如位置、单词附近的信息或类似信息等信息来概率性地确定适当的类别。例如，如果单词前面是限定词，后面是名词，则将单词标记为形容词。

一般的标注过程包括标记文本、确定可能的标签和解决歧义标签。算法用于进行词性标识（标注）。一般有两种方法。

- 基于规则：基于规则的标注器使用一组规则、单词词典和可能的标签。当一个单词有多个标签时可以使用这些规则。规则通常使用单词的上下文来选择标签。
- 基于随机域：基于随机域的标注器要么是基于马尔可夫模型，要么是基于线索的，使用决策树或最大熵。马尔可夫模型是有限状态机，其中每个状态都有两个概率分布。其目的是为句子找到最优的标签序列。还可以使用隐马尔可夫模型（Hidden Markov Model，HMM）。在这些模型中，状态转换是不可见的。

最大熵标注器使用统计信息来确定单词的词性，并且经常使用语料库来训练模型。语料库是词性标签的单词集合。语料库支持多种语言。 这些需要大量的精力来开发。常用的语料库包括 Penn Treebank（http://www.seas.upenn.edu/~pdtb//）或 Brown Corpus（http://www.essex.ac.uk/linguistics/external/clmt/w3c/corpus_ling/content/corpora/list/private/brown/brown.html）。

以下是来自 Penn Treebank 语料库的一个示例，它演示了词性标注：

```
Well/UH what/WP do/VBP you/PRP think/VB about/IN
the/DT idea/NN of/IN ,/, uh/UH ,/, kids/NNS having/VBG
to/TO do/VB public/JJ service/NN work/NN for/IN a/DT
year/NN ?/.
```

英语中通常有 9 个词性：名词、动词、冠词、形容词、介词、代词、副词、连词和感叹词。然而，更完整的分析通常需要额外的类别和子类别。已经鉴定出多达 150 个不同的词性。在某些情况下，可能还需要创建新的标签。表 5-1 给出了一个简短的列表，这些是我们在本章中经常使用的标签。

表　5-1

标签	含义
NN	单数名词或集合名词
DT	限定词
VB	动词，基本形式
VBD	动词，过去式
VBZ	动词，第三人称单数现在时态
IN	介词或从属连词
NNP	单数专有名词
TO	To
JJ	形容词

表 5-2 显示了一个更全面的列表。表 5-2 改编自 http://www.ling.upenn.edu/courses/

Fall_2003/ling001/penn_treebank_pos.html。完整的 Penn Treebank 标签集的列表可以在 http://www.comp.leeds.ac.uk/ccalas/tagsets/upenn.html 找到。一组标签称为一个标签集。

表　5-2

标签	说明	标签	说明
CC	并列连词	PRP$	物主代词
CD	基数	RB	副词
DT	限定词	RBR	副词，比较级
EX	存在句	RBS	副词，最高级
FW	外来词	RP	助词
IN	介词或从属连词	SYM	符号
JJ	形容词	TO	To
JJR	形容词，比较级	UH	感叹词
JJS	形容词，最高级	VB	动词，基本形式
LS	列表项标注	VBD	动词，过去式
MD	情态动词	VBG	动名词或现在分词
NN	单数名词或集合名词	VBN	动词，过去分词
NNS	复数名词	VBP	动词，非第三人称单数现在时态
NNP	单数专有名词	VBZ	动词第三人称单数现在时态
NNPS	复数专有名词	WDT	Wh- 限定词
PDT	前置限定词	WP	Wh- 代名词
POS	所有格结束词	WP$	所有格 Wh- 代名词
PRP	人称代词	WRB	Wh- 副词

人工语料库的开发需要大量的人力。但是，一些统计技术已经被开发来创建语料库。有很多语料库，其中一个是 Brown Corpus（http://clu.uni.no/icame/manuals/BROWN/INDEX. HTM）。较新的语料库包括有超过 1 亿字词的 British National Corpus（http://www.natcorp. ox.ac.uk/corpus/index.xml）和 American National Corpus（http://www.anc.org/）。

5.1.1　词性标注器的重要性

对句子进行适当的标注可以提高后续处理任务的质量。如果我们知道 "sue" 是动词而不是名词，那么这有助于建立词项之间的正确关系。确定词性、短语、从句以及它们之间的任何关系被称为解析。这与分词形成对比，在分词中，我们对识别单词元素感兴趣，并不关心它们的含义。

词性标注用于许多后续任务，如问题分析、文本情感分析等。一些社交媒体网站经常对评估客户社交的情感感兴趣。文本索引将经常使用词性数据。语音处理会使用标签来辅助决定单词如何发音。

5.1.2　词性标注难在何处

语言的许多方面都会使词性标注变得困难。大多数英语单词都有两个或多个与之关联的标签。词典并不总是足以确定单词的词性。例如，诸如"bill"和"force"等词语的含义取决于其上下文。下面的句子演示了如何将它们与名词和动词一起在同一句子中使用。

"Bill used the force to force the manger to tear the bill in two."

对该句使用 OpenNLP 标注器将得到以下输出：

```
Bill/NNP used/VBD the/DT force/NN to/TO force/VB the/DT manger/NN to/TO
tear/VB the/DT bill/NN in/IN two./PRP$
```

短信文（textese）是各种文本形式的组合，包括缩写、标签、表情符号和俚语，在诸如推特和文本之类的通信媒体中使用，这使得标注句子更加困难。例如，下面的信息很难标注：

"AFAIK she H8 cth! BTW had a GR8 tym at the party BBIAM."

其实它等效于：

"As far as I know, she hates cleaning the house! By the way, had a great time at the party.
Be back in a minute."

使用 OpenNLP 标注器，我们将得到以下输出：

```
AFAIK/NNS she/PRP H8/CD cth!/.
BTW/NNP had/VBD a/DT GR8/CD tym/NN at/IN the/DT party/NN BBIAM./.
```

在 5.2.2.2 节中，我们将演示 LingPipe 如何处理短信文。表 5-3 列出了一些常见的短信文术语。

表　5-3

短语	短信文	短语	短信文
As far as I know	AFAIK	By the way	BTW
Away from keyboard	AFK	You're on your own	YOYO
Thanks	THNX or THX	As soon as possible	ASAP
Today	2day	What do you mean by that	WDYMBT
Before	B4	Be back in a minute	BBIAM
See you	C U	Can't	CNT
Haha	hh	Later	l8R
Laughing out loud	LOL	On the other hand	OTOH
Rolling on the floor laughing	ROFL or ROTFL	I don't know	IDK
Great	GR8	Cleaning the house	CTH
At the moment	ATM	In my humble opinion	IMHO

有很多短信文列表，我们可以在 http://www.ukrainecalling.com/textspeak.aspx 中找到一个比较全面的列表。

分词是词性标注过程中的重要步骤。如果词项没有被正确分割，将会得到错误的结果。还会有其他的一些潜在问题，包括：

- 如果使用小写的话，那么诸如"sam"之类的单词可能会与 person 或 System for Award Management（www.sam.gov）混淆
- 我们必须考虑诸如"can't"这样的缩写，并认识到上撇号可能用于不同的字符中
- 虽然"vice versa"这样的短语可以作为一个单元来处理，但它已经被用于英格兰的乐队、小说的标题和杂志的标题
- 我们不能忽略带连字符的单词的含义，例如"first-cut"和"prime-cut"之类的含义与它们单独的用法不同
- 有些单词带有嵌入的数字，例如 iPhone 5S
- 还需要处理特殊字符序列，例如 URL 或电子邮件地址

有些单词被嵌入在引号或括号中，这会使它们的意思变得混乱。请考虑以下示例：

"Whether "Blue" was correct or not（it's not）is debatable."

"Blue"可能是指蓝色，或者可能是一个人的昵称。对句子的标注器输出如下：

```
Whether/IN "Blue"/NNP was/VBD correct/JJ or/CC not/RB (it's/JJ not)/NN
is/VBZ debatable/VBG
```

5.2 使用 NLP API

我们将演示使用 OpenNLP、Stanford API 和 LingPipe 进行词性标注。每个示例都将使用以下句子。这是 Jules Verne 在 *Twenty Thousands Leagues Under the Sea* 第 5 章中的第一句：

```
private String[] sentence = {"The", "voyage", "of", "the",
    "Abraham", "Lincoln", "was", "for", "a", "long", "time", "marked",
    "by", "no", "special", "incident."};
```

要处理的文本不一定总是以这种方式定义。有时，该语句将作为单个字符串提供：

```
String theSentence = "The voyage of the Abraham Lincoln was for a "
    + "long time marked by no special incident.";
```

我们可能需要将字符串转换为字符串数组，将这个字符串转换为单词数组有许多技术。下面的 tokenizeSentence 方法执行此操作：

```
public String[] tokenizeSentence(String sentence) {
    String words[] = sentence.split("S+");
    return words;
}
```

以下代码演示了此方法的用法：

```
String words[] = tokenizeSentence(theSentence);
for(String word : words) {
    System.out.print(word + " ");
```

```
}
System.out.println();
```

输出如下：

```
The voyage of the Abraham Lincoln was for a long time marked by no special
incident.
```

另外，我们可以使用一个分词器，比如 OpenNLP 的 WhitespaceTokenizer 类，如下所示：

```
String words[] =
    WhitespaceTokenizer.INSTANCE.tokenize(sentence);
```

5.2.1　使用 OpenNLP POS 标注器

OpenNLP 提供了几个类来支持词性标注，我们将演示如何使用 POSTaggerME 类来执行基本标注，并使用 ChunkerME 类来执行分块。分块是指根据相关单词的类型对它们进行分组，这可以提供对句子结构的更多了解。我们还将研究 POSDictionary 实例的创建和使用。

5.2.1.1　将 OpenNLP POSTaggerME 类用于 POS 标注器

OpenNLP POSTaggerME 类使用最大熵来处理标签。标注器根据单词本身和单词的上下文确定标签的类型，任何给定的单词都可能有多个与之关联的标签。标注器使用概率模型来确定要分配的特定标签。

POS 模型从文件中加载，经常使用的 en-pos-maxent.bin 模型是基于 Penn TreeBank 标签集的。针对 OpenNLP 的预训练 POS 模型可以在 http://opennlp.sourceforge.net/models-1.5/ 找到。

下面从 try-catch 块开始处理加载模型时可能生成的任何 IOException。我们对模型使用 en-pos-max.bin 文件：

```
try (InputStream modelIn = new FileInputStream(
    new File(getModelDir(), "en-pos-maxent.bin"));) {
    ...
}
catch (IOException e) {
    // Handle exceptions
}
```

接下来，创建 POSModel 和 POSTaggerME 实例，如下所示：

```
POSModel model = new POSModel(modelIn);
POSTaggerME tagger = new POSTaggerME(model);
```

现在可以使用要处理的文本作为参数将 tag 方法应用于标注器：

```
String tags[] = tagger.tag(sentence);
```

然后显示单词及其标签，如下所示：

```
for (int i = 0; i<sentence.length; i++) {
    System.out.print(sentence[i] + "/" + tags[i] + " ");
}
```

输出如下，每个单词后面都有其类型：

```
The/DT voyage/NN of/IN the/DT Abraham/NNP Lincoln/NNP was/VBD for/IN a/DT
long/JJ time/NN marked/VBN by/IN no/DT special/JJ incident./NN
```

对于任何句子，都可能有多个标签分配到单词。topKSequences 方法将根据正确的概率返回一组序列。在下面的代码序列中，使用 sentence 变量执行 topKSequences 方法，然后被显示：

```
Sequence topSequences[] = tagger.topKSequences(sentence);
for (inti = 0; i<topSequences.length; i++) {
    System.out.println(topSequences[i]);
}
```

其输出如下，其中第一个数字表示加权分数，括号内的标签为评分的标签序列：

```
    -0.5563571615737618 [DT, NN, IN, DT, NNP, NNP, VBD, IN, DT, JJ, NN,
VBN, IN, DT, JJ, NN]
    -2.9886144610050907 [DT, NN, IN, DT, NNP, NNP, VBD, IN, DT, JJ, NN,
VBN, IN, DT, JJ, .]
    -3.771930515521527 [DT, NN, IN, DT, NNP, NNP, VBD, IN, DT, JJ, NN, VBN,
IN, DT, NN, NN]
```

确保包含了正确的 Sequence 类。对于本例，使用 import opennlp.tools.util.Sequence。

Sequence 类具有几种方法，如表 5-4 所示。

表   5-4

方法	含义
getOutcomes	返回表示句子标注的字符串列表
getProbs	返回一个 double 类型数组变量，其表示序列中每个标注的概率
getScore	返回标注序列的加权值

在下面的序列中，我们将使用其中的几个方法来演示它们的作用。对于每个序列，用正斜杠分隔标签和它们的概率：

```
for (int i = 0; i<topSequences.length; i++) {
    List<String> outcomes = topSequences[i].getOutcomes();
    double probabilities[] = topSequences[i].getProbs();
    for (int j = 0; j <outcomes.size(); j++) {
        System.out.printf("%s/%5.3f ",outcomes.get(j),
        probabilities[j]);
    }
    System.out.println();
}
System.out.println();
```

输出如下，每行表示一个输出已被包装的序列：

```
    DT/0.992 NN/0.990 IN/0.989 DT/0.990 NNP/0.996 NNP/0.991 VBD/0.994
IN/0.996 DT/0.996 JJ/0.991 NN/0.994 VBN/0.860 IN/0.985 DT/0.960 JJ/0.919
NN/0.832
    DT/0.992 NN/0.990 IN/0.989 DT/0.990 NNP/0.996 NNP/0.991 VBD/0.994
IN/0.996 DT/0.996 JJ/0.991 NN/0.994 VBN/0.860 IN/0.985 DT/0.960 JJ/0.919
./0.073
    DT/0.992 NN/0.990 IN/0.989 DT/0.990 NNP/0.996 NNP/0.991 VBD/0.994
IN/0.996 DT/0.996 JJ/0.991 NN/0.994 VBN/0.860 IN/0.985 DT/0.960 NN/0.073
NN/0.419
```

5.2.1.2　使用 OpenNLP 分块

分块的过程包括把一个句子分成几个部分或几块，然后可以用标签对这些块进行注释，我们将使用 ChunkerME 类来说明这是如何实现的。该类使用加载到 ChunkerModel 实例中的模型，ChunkerME 类的 chunk 方法执行实际的分块过程。我们还将研究使用 chunkAsSpans 方法来返回关于这些块的范围信息，这允许我们查看一个块有多长，以及哪些元素组成了这个块。

我们将使用 en-pos-maxent.bin 文件为 POSTaggerME 实例创建一个模型。我们需要使用这个实例来标注文本，就像我们在 5.2.1.1 节中所做的那样。我们还将使用 en-chunker.bin 文件创建与 ChunkerME 实例一起使用的 ChunkerModel 实例。

这些模型是使用输入流创建的，如下面的示例所示，我们使用 try-with-resources 块来打开和关闭文件，并处理可能抛出的任何异常：

```
try (
        InputStream posModelStream = new FileInputStream(
            getModelDir() + "\\en-pos-maxent.bin");
        InputStream chunkerStream = new FileInputStream(
            getModelDir() + "\\en-chunker.bin");) {
    ...
} catch (IOException ex) {
    // Handle exceptions
}
```

下面的代码序列创建并使用标注器来查找句子的词性，然后显示句子及其标签：

```
POSModel model = new POSModel(posModelStream);
POSTaggerME tagger = new POSTaggerME(model);

String tags[] = tagger.tag(sentence);
for(int i=0; i<tags.length; i++) {
    System.out.print(sentence[i] + "/" + tags[i] + " ");
}
System.out.println();
```

输出如下，显示这个输出可以让我们清楚分块器是如何工作的：

```
The/DT voyage/NN of/IN the/DT Abraham/NNP Lincoln/NNP was/VBD for/IN a/DT
long/JJ time/NN marked/VBN by/IN no/DT special/JJ incident./NN
```

使用输入流创建 ChunkerModel 实例，在此基础上创建 ChunkerME 实例，然后使用 chunk 方法，如下所示，chunk 方法将使用句子中的词项及其标记来创建字符串数组，每个字符串将保存关于词项及其块的信息：

```
ChunkerModel chunkerModel = new
     ChunkerModel(chunkerStream);
ChunkerME chunkerME = new ChunkerME(chunkerModel);
String result[] = chunkerME.chunk(sentence, tags);
```

结果数组中的每个词项及其分块标签都显示出来，如下所示：

```
for (int i = 0; i < result.length; i++) {
    System.out.println("[" + sentence[i] + "] " + result[i]);
}
```

输出如下，词项被括在方括号中，后面是分块标签。表 5-5 解释了这些标签。

表　5-5

第一部分	说明	第二部分	说明
B	标签的开始	NP	名词块
I	标签的中间	VB	动词块
E	标签的结束（如果分块只包括一个单词，则不出现这个结束标签）		

多个单词被组合在一起，如"The voyage"和"The Abraham Lincoln"：

```
[The] B-NP
[voyage] I-NP
[of] B-PP
[the] B-NP
[Abraham] I-NP
[Lincoln] I-NP
[was] B-VP
[for] B-PP
[a] B-NP
[long] I-NP
[time] I-NP
[marked] B-VP
[by] B-PP
[no] B-NP
[special] I-NP
[incident.] I-NP
```

如果我们对获取关于块的更详细的信息感兴趣，我们可以使用 ChunkerME 类的 chunkAsSpans 方法，这个方法返回一个 Span 对象数组，每个对象表示在文本中找到的一个范围。

还有其他几个 ChunkerME 类方法可用，在这里，我们将演示 getType、getStart 和 getEnd 方法的使用。getType 方法返回块标签的第二部分；getStart 和 getEnd 方法分别返回原始 sentence 数组中词项的开始和结束索引。length 方法以词项的数量返回范围的长度。

在下面的序列中，使用 sentence 和 tags 数组执行 chunkAsSpans 方法。然后显示 spans 数组。外层 for 循环一次处理一个 Span 对象，显示基本的范围信息；内部的 for 循环显示括号内的扩展文本：

```
Span[] spans = chunkerME.chunkAsSpans(sentence, tags);
for (Span span : spans) {
    System.out.print("Type: " + span.getType() + " - "
        + " Begin: " + span.getStart()
        + " End:" + span.getEnd()
        + " Length: " + span.length() + "  [");
    for (int j = span.getStart(); j < span.getEnd(); j++) {
        System.out.print(sentence[j] + " ");
    }
    System.out.println("]");
}
```

下面的输出清楚地显示了范围类型、它在 sentence 数组中的位置、Length（长度）以及实际的文本：

```
Type: NP -  Begin: 0 End:2 Length: 2   [The voyage ]
Type: PP -  Begin: 2 End:3 Length: 1   [of ]
Type: NP -  Begin: 3 End:6 Length: 3   [the Abraham Lincoln ]
Type: VP -  Begin: 6 End:7 Length: 1   [was ]
Type: PP -  Begin: 7 End:8 Length: 1   [for ]
Type: NP -  Begin: 8 End:11 Length: 3  [a long time ]
Type: VP -  Begin: 11 End:12 Length: 1  [marked ]
Type: PP -  Begin: 12 End:13 Length: 1  [by ]
Type: NP -  Begin: 13 End:16 Length: 3 [no special incident. ]
```

5.2.1.3　使用 POSDictionary 类

标签字典指定单词的有效标签是什么，这可以防止标签被不恰当地应用到一个单词上。此外，一些搜索算法执行速度更快，因为它们不必考虑其他不太可能的标签。在本节中，我们将演示如何：

- 为标注器获取标签字典
- 确定一个单词有哪些标签
- 显示如何更改单词的标签
- 将新的标签字典添加到新的标注器工厂

与前面的例子一样，我们将使用一个 try-with-resources 块来打开 POS 模型的输入流，然后创建我们的模型和标注器工厂，如下所示：

```
try (InputStream modelIn = new FileInputStream(
        new File(getModelDir(), "en-pos-maxent.bin"));) {
    POSModel model = new POSModel(modelIn);
```

```
    POSTaggerFactory posTaggerFactory = model.getFactory();
    ...
} catch (IOException e) {
    //Handle exceptions
}
```

1. 为标注器获取标签字典

我们使用 POSModel 类的 getFactory 方法来获取 POSTaggerFactory 实例，我们将使用它的 getTagDictionary 方法来获取它的 TagDictionary 实例，如下所示：

```
MutableTagDictionary tagDictionary =
    (MutableTagDictionary)posTaggerFactory.getTagDictionary();
```

MutableTagDictionary 接口扩展了 TagDictionary 接口，TagDictionary 接口拥有一个 getTags 方法，MutableTagDictionary 接口添加了一个 put 方法，该方法允许将标签添加到字典中，这些接口由 POSDictionary 类实现。

2. 确定一个单词的标签

要获取给定单词的标签，请使用 getTags 方法，这将返回一个由字符串表示的 tags 数组。标签显示如下：

```
String tags[] = tagDictionary.getTags("force");
for (String tag : tags) {
    System.out.print("/" + tag);
}
System.out.println();
```

输出如下：

```
/NN/VBP/VB
```

这意味着"force"这个单词可以有三种不同的解释。

3. 改变一个单词的标签

MutableTagDictionary 接口的 put 方法允许我们向单词添加标签，该方法有两个参数：单词和它的新标签，该方法返回一个包含之前标签的数组。在下面的示例中，我们用新标签替换旧标签，然后显示旧标签：

```
String oldTags[] = tagDictionary.put("force", "newTag");
for (String tag : oldTags) {
    System.out.print("/" + tag);
}
System.out.println();
```

下面的输出列出了该单词的旧标签：

```
/NN/VBP/VB
```

如这里所示，这些标签已经被新的标签所取代，接着显示当前的标签：

```
tags = tagDictionary.getTags("force");
for (String tag : tags) {
    System.out.print("/" + tag);
}
System.out.println();
```

我们得到的是以下内容：

```
/newTag
```

为了保留旧标签，我们需要创建一个字符串数组来保存旧标签和新标签，然后使用数组作为 put 方法的第二个参数，如下所示：

```
String newTags[] = new String[tags.length+1];
for (int i=0; i<tags.length; i++) {
    newTags[i] = tags[i];
}
newTags[tags.length] = "newTag";
oldTags = tagDictionary.put("force", newTags);
```

如果我们重新显示当前的标签，如下所示，我们可以看到旧标签被保留了，新标签被添加了：

```
/NN/VBP/VB/newTag
```

 在添加标签时，要注意按适当的顺序分配标签，因为这将影响所分配的标签。

4. 添加一个新的标签字典

可以将新的标签字典添加到 POSTaggerFactory 实例中。我们将通过创建一个新的 POSTaggerFactory，然后添加之前开发的 tagDictionary 来说明这个过程。首先，我们使用默认构造函数创建一个新工厂，如下面的代码所示。接下来，对新工厂调用 setTagDictionary 方法：

```
POSTaggerFactory newFactory = new POSTaggerFactory();
newFactory.setTagDictionary(tagDictionary);
```

为了确认添加了标签字典，我们显示单词"force"的标签，如下图所示：

```
tags = newFactory.getTagDictionary().getTags("force");
for (String tag : tags) {
    System.out.print("/" + tag);
}
System.out.println();
```

标签是一样的，如下所示：

```
/NN/VBP/VB/newTag
```

5. 从文件创建字典

如果需要创建一个新字典，那么一种方法是创建一个包含所有单词及其标签的 XML 文件，然后从该文件创建字典。OpenNLP 通过 POSDictionary 类的 create 方法支持这种方法。

XML 文件由 dictionary 根元素和一系列 entry 元素组成，entry 元素使用 tags 属性来指定单词的标签，单词作为 token 元素被包含在 entry 元素中。下面是一个使用 dictionary.txt 文件中存储的两个单词的简单示例：

```
<dictionary case_sensitive="false">
    <entry tags="JJ VB">
        <token>strong</token>
    </entry>
    <entry tags="NN VBP VB">
        <token>force</token>
    </entry>
</dictionary>
```

为了创建字典，我们使用基于输入流的 create 方法，如下所示：

```
try (InputStream dictionaryIn =
     new FileInputStream(new File("dictionary.txt"));) {
    POSDictionary dictionary =
     POSDictionary.create(dictionaryIn);
    ...

    } catch (IOException e) {
        // Handle exceptions
    }
```

POSDictionary 类有一个 iterator 方法，它返回一个迭代器对象。它的 next 方法为字典中的每个单词返回一个字符串，我们可以使用这些方法来显示字典的内容，如下所示：

```
Iterator<String> iterator = dictionary.iterator();
while (iterator.hasNext()) {
    String entry = iterator.next();
    String tags[] = dictionary.getTags(entry);
    System.out.print(entry + " ");
    for (String tag : tags) {
        System.out.print("/" + tag);
    }
    System.out.println();
}
```

以下输出显示我们可以预期的结果：

```
strong /JJ/VB
force /NN/VBP/VB
```

5.2.2 使用 Stanford POS 标注器

在本节中，我们将研究由 Stanford API 支持的执行标注的两种不同方法。第一种技术使用 MaxentTagger 类，顾名思义，它使用最大熵来查找 POS，我们还将使用这个类来演示一个用于处理短信文类型文本的模型。第二种方法将使用带有注释器的管道方法，英文标注器使用 Penn Treebank 英文 POS 标签集。

5.2.2.1 使用 Stanford MaxentTagger

MaxentTagger 类使用一个模型来执行标注任务，有许多模型是与 API 绑定的，它们都有文件扩展名 .tagger。它们包括英语、汉语、阿拉伯语、法语和德语模型。

这里列出了英文模型，这个前缀 "wsj" 指的是基于《华尔街日报》的模式，其他术语指的是用于训练模型的技术这里不涉及这些概念：

- wsj-0-18-bidirectional-distsim.tagger
- wsj-0-18-bidirectional-nodistsim.tagger
- wsj-0-18-caseless-left3words-distsim.tagger
- wsj-0-18-left3words-distsim.tagger
- wsj-0-18-left3words-nodistsim.tagger
- english-bidirectional-distsim.tagger
- english-caseless-left3words-distsim.tagger
- english-left3words-distsim.tagger

这个例子从一个文件中读取一系列的句子，然后处理每个句子，并显示各种访问和显示单词和标签的方法。

我们从一个 try-with-resources 块开始处理 IO 异常，如下所示。wsj-0-18-bidirectional-distsim.tagger 文件用于创建 MaxentTagger 类的实例。

HasWord 对象的 List 实例的 List 实例是使用 MaxentTagger 类的 tokenizeText 方法创建的，这些句子是从 sentence .txt 文件中读入的。HasWord 接口表示单词并包含两个方法：setWord 和 word 方法。后一种方法以字符串的形式返回一个单词，每个句子由 HasWord 对象的 List 实例表示：

```
try {
    MaxentTagger tagger = new MaxentTagger(getModelDir() +
        "//wsj-0-18-bidirectional-distsim.tagger");
    List<List<HasWord>> sentences = MaxentTagger.tokenizeText(
        new BufferedReader(new FileReader("sentences.txt")));
    ...
} catch (FileNotFoundException ex) {
    // Handle exceptions
}
```

sentences.txt 文件包含了 *Twenty Thousand Leagues Under the Sea* 第 5 章的前四句话：

The voyage of the Abraham Lincoln was for a long time marked by no special
incident.
But one circumstance happened which showed the wonderful dexterity of Ned
Land, and proved what confidence we might place in him.
The 30th of June, the frigate spoke some American whalers, from whom we
learned that they knew nothing about the narwhal.
But one of them, the captain of the Monroe, knowing that Ned Land had
shipped on board the Abraham Lincoln, begged for his help in chasing a
whale they had in sight.

添加一个循环来处理 sentences 列表中的每个句子，tagSentence 方法返回 TaggedWord
对象的 List 实例，如下面的代码所示。TaggedWord 类实现了 HasWord 接口，并添加了一个
tag 方法，该方法返回与该单词关联的标签。如下所示，toString 方法用于显示每个句子：

```
List<TaggedWord> taggedSentence =
    tagger.tagSentence(sentence);
for (List<HasWord> sentence : sentences) {
    List<TaggedWord> taggedSentence=
        tagger.tagSentence(sentence);
    System.out.println(taggedSentence);
}
```

输出如下：

[The/DT, voyage/NN, of/IN, the/DT, Abraham/NNP, Lincoln/NNP, was/VBD,
for/IN, a/DT, long/JJ, --- time/NN, marked/VBN, by/IN, no/DT, special/JJ,
incident/NN, ./.]
    [But/CC, one/CD, circumstance/NN, happened/VBD, which/WDT, showed/VBD,
the/DT, wonderful/JJ, dexterity/NN, of/IN, Ned/NNP, Land/NNP, ,/,, and/CC,
proved/VBD, what/WP, confidence/NN, we/PRP, might/MD, place/VB, in/IN,
him/PRP, ./.]
    [The/DT, 30th/JJ, of/IN, June/NNP, ,/,, the/DT, frigate/NN, spoke/VBD,
some/DT, American/JJ, whalers/NNS, ,/,, from/IN, whom/WP, we/PRP,
learned/VBD, that/IN, they/PRP, knew/VBD, nothing/NN, about/IN, the/DT,
narwhal/NN, ./.]
    [But/CC, one/CD, of/IN, them/PRP, ,/,, the/DT, captain/NN, of/IN,
the/DT, Monroe/NNP, ,/,, knowing/VBG, that/IN, Ned/NNP, Land/NNP, had/VBD,
shipped/VBN, on/IN, board/NN, the/DT, Abraham/NNP, Lincoln/NNP, ,/,,
begged/VBN, for/IN, his/PRP$, help/NN, in/IN, chasing/VBG, a/DT, whale/NN,
they/PRP, had/VBD, in/IN, sight/NN, ./.]

或者，我们可以使用 Sentence 类的 listToString 方法将标注的句子转换为简单的 String
对象。HasWord 的 toString 方法使用第二个参数的值 false 来创建结果字符串，如下所示：

```
List<TaggedWord> taggedSentence =
    tagger.tagSentence(sentence);
for (List<HasWord> sentence : sentences) {
    List<TaggedWord> taggedSentence=
        tagger.tagSentence(sentence);
    System.out.println(Sentence.listToString(taggedSentence, false));
}
```

这将产生更美观的输出：

```
The/DT voyage/NN of/IN the/DT Abraham/NNP Lincoln/NNP was/VBD for/IN
a/DT long/JJ time/NN marked/VBN by/IN no/DT special/JJ incident/NN ./.
    But/CC one/CD circumstance/NN happened/VBD which/WDT showed/VBD the/DT
wonderful/JJ dexterity/NN of/IN Ned/NNP Land/NNP ,/, and/CC proved/VBD
what/WP confidence/NN we/PRP might/MD place/VB in/IN him/PRP ./.
    The/DT 30th/JJ of/IN June/NNP ,/, the/DT frigate/NN spoke/VBD some/DT
American/JJ whalers/NNS ,/, from/IN whom/WP we/PRP learned/VBD that/IN
they/PRP knew/VBD nothing/NN about/IN the/DT narwhal/NN ./.
    But/CC one/CD of/IN them/PRP ,/, the/DT captain/NN of/IN the/DT
Monroe/NNP ,/, knowing/VBG that/IN Ned/NNP Land/NNP had/VBD shipped/VBN
on/IN board/NN the/DT Abraham/NNP Lincoln/NNP ,/, begged/VBN for/IN
his/PRP$ help/NN in/IN chasing/VBG a/DT whale/NN they/PRP had/VBD in/IN
sight/NN ./.
```

我们可以使用下面的代码序列来产生相同的结果，用 word 和 tag 方法提取单词和它们的标签：

```
List<TaggedWord> taggedSentence =
    tagger.tagSentence(sentence);
for (TaggedWord taggedWord : taggedSentence) {
    System.out.print(taggedWord.word() + "/" +
        taggedWord.tag() + " ");
}
System.out.println();
```

如果我们只对查找给定标签的特定出现情况感兴趣，我们可以使用下面这样的序列，它将只列出单数名词（NN）：

```
List<TaggedWord> taggedSentence =
    tagger.tagSentence(sentence);
for (TaggedWord taggedWord : taggedSentence) {
    if (taggedWord.tag().startsWith("NN")) {
        System.out.print(taggedWord.word() + " ");
    }
}
System.out.println();
```

每个句子都显示单数名词，如下所示：

```
    NN Tagged: voyage Abraham Lincoln time incident
    NN Tagged: circumstance dexterity Ned Land confidence
    NN Tagged: June frigate whalers nothing narwhal
    NN Tagged: captain Monroe Ned Land board Abraham Lincoln help whale
sight
```

5.2.2.2　使用 MaxentTagger 类标注短信文

我们可以使用不同的模型来处理可能包含短信文的推特文本，General Architecture for Text Engineering（GATE）（https://gate.ac.uk/wiki/twitter-postagger.html）为推特文本开发了一个模型，该模型在这里用于处理短信文。

```
MaxentTagger tagger = new MaxentTagger(getModelDir()
    + "//gate-EN-twitter.model");
```

在这里，我们使用了 MaxentTagger 类的 tagString 方法，它来自 5.1.2 节中处理短信文的部分：

```
System.out.println(tagger.tagString("AFAIK she H8 cth!"));
System.out.println(tagger.tagString( "BTW had a GR8 tym at the party
BBIAM."));
```

输出将如下所示：

```
AFAIK_NNP she_PRP H8_VBP cth!_NN
BTW_UH had_VBD a_DT GR8_NNP tym_NNP at_IN the_DT party_NN BBIAM._NNP
```

5.2.2.3　使用 Stanford 管道执行标注

我们在前面的几个示例中使用了 Stanford 管道。在本例中，我们将使用 Stanford 管道来提取 POS 标签。与前面的 Stanford 示例一样，我们创建了一个基于一组注释器的管道：tokenize、ssplit 和 pos。这些会对文本进行分词，把文本分成句子，然后找到 POS 标签：

```
Properties props = new Properties();
props.put("annotators", "tokenize, ssplit, pos");
StanfordCoreNLP pipeline = new StanfordCoreNLP(props);
```

为了处理文本，我们将使用 theSentence 变量作为 Annotator 的输入，然后调用管道的 annotate 方法，如下所示：

```
Annotation document = new Annotation(theSentence);
pipeline.annotate(document);
```

由于管道可以执行不同类型的处理，所以使用 CoreMap 对象列表来访问单词和标签，Annotation 类的 get 方法返回 sentences 列表，如下所示：

```
List<CoreMap> sentences =
    document.get(SentencesAnnotation.class);
```

可以使用其 get 方法访问 CoreMap 对象的内容，该方法的参数是所需信息的类，如下面的代码示例所示，使用 TextAnnotation 类访问词，可以使用 PartOfSpeechAnnotation 来检索 POS 标签。每句话中的每个单词及其标签被显示：

```
for (CoreMap sentence : sentences) {
    for (CoreLabel token : sentence.get(TokensAnnotation.class)) {
        String word = token.get(TextAnnotation.class);
        String pos = token.get(PartOfSpeechAnnotation.class);
        System.out.print(word + "/" + pos + " ");
    }
    System.out.println();
}
```

输出将如下所示：

```
The/DT voyage/NN of/IN the/DT Abraham/NNP Lincoln/NNP was/VBD for/IN a/DT
long/JJ time/NN marked/VBN by/IN no/DT special/JJ incident/NN ./.
```

管道可以使用其他选项来控制标注器的工作方式。例如，默认情况下，english-left3words-distsim.tagger 使用了标注器模型，我们可以使用 pos.model 属性指定一个不同的模型，如下所示，还有一个 pos.maxlen 属性来控制最大的句子大小：

```
props.put("pos.model",
"C:/.../Models/english-caseless-left3words-distsim.tagger");
```

有时，标注为 XML 格式的文档是很有用的。StanfordCoreNLP 类的 xmlPrint 方法将写出这样的文档，方法的第一个参数是要显示的注释器，它的第二个参数是要写入的 OutputStream 对象。在下面的代码序列中，将前面的标注结果写入标准输出，并附上 try...catch 块处理 IO 异常：

```
try {
    pipeline.xmlPrint(document, System.out);
} catch (IOException ex) {
    // Handle exceptions
}
```

结果的部分列表如下，只显示前两个单词和最后一个单词。每个词标注包含单词、它的位置和它的 POS 标签：

```
<?xml version="1.0" encoding="UTF-8"?>
<?xml-stylesheet href="CoreNLP-to-HTML.xsl" type="text/xsl"?>
<root>
<document>
<sentences>
<sentence id="1">
<tokens>
<token id="1">
<word>The</word>
<CharacterOffsetBegin>0</CharacterOffsetBegin>
<CharacterOffsetEnd>3</CharacterOffsetEnd>
<POS>DT</POS>
</token>
<token id="2">
<word>voyage</word>
<CharacterOffsetBegin>4</CharacterOffsetBegin>
<CharacterOffsetEnd>10</CharacterOffsetEnd>
<POS>NN</POS>
</token>
...
<token id="17">
<word>.</word>
<CharacterOffsetBegin>83</CharacterOffsetBegin>
<CharacterOffsetEnd>84</CharacterOffsetEnd>
<POS>.</POS>
</token>
</tokens>
</sentence>
</sentences>
```

```
</document>
</root>
```

prettyPrint 方法的工作原理与此类似:

```
pipeline.prettyPrint(document, System.out);
```

然而输出并不是那么漂亮,如下所示,原句被显示出来,后面跟着每个单词、它的位置和它的标签。输出已被格式化,使其更具可读性:

```
The voyage of the Abraham Lincoln was for a long time marked by no
special incident.
    [Text=The CharacterOffsetBegin=0 CharacterOffsetEnd=3 PartOfSpeech=DT]
    [Text=voyage CharacterOffsetBegin=4 CharacterOffsetEnd=10
PartOfSpeech=NN]
    [Text=of CharacterOffsetBegin=11 CharacterOffsetEnd=13 PartOfSpeech=IN]
    [Text=the CharacterOffsetBegin=14 CharacterOffsetEnd=17
PartOfSpeech=DT]
    [Text=Abraham CharacterOffsetBegin=18 CharacterOffsetEnd=25
PartOfSpeech=NNP]
    [Text=Lincoln CharacterOffsetBegin=26 CharacterOffsetEnd=33
PartOfSpeech=NNP]
    [Text=was CharacterOffsetBegin=34 CharacterOffsetEnd=37
PartOfSpeech=VBD]
    [Text=for CharacterOffsetBegin=38 CharacterOffsetEnd=41
PartOfSpeech=IN]
    [Text=a CharacterOffsetBegin=42 CharacterOffsetEnd=43 PartOfSpeech=DT]
    [Text=long CharacterOffsetBegin=44 CharacterOffsetEnd=48
PartOfSpeech=JJ]
    [Text=time CharacterOffsetBegin=49 CharacterOffsetEnd=53
PartOfSpeech=NN]
    [Text=marked CharacterOffsetBegin=54 CharacterOffsetEnd=60
PartOfSpeech=VBN]
    [Text=by CharacterOffsetBegin=61 CharacterOffsetEnd=63
PartOfSpeech=IN]
    [Text=no CharacterOffsetBegin=64 CharacterOffsetEnd=66 PartOfSpeech=DT]
    [Text=special CharacterOffsetBegin=67 CharacterOffsetEnd=74
PartOfSpeech=JJ]
    [Text=incident CharacterOffsetBegin=75 CharacterOffsetEnd=83
PartOfSpeech=NN]
    [Text=. CharacterOffsetBegin=83 CharacterOffsetEnd=84 PartOfSpeech=.]
```

5.2.3　使用 LingPipe POS 标注器

LingPipe 使用 Tagger 接口支持 POS 标注,这个接口只有一个方法:tag,它返回 Tagging 对象的 List 实例。这些对象是单词及其标签,接口由 ChainCrf 和 HmmDecoder 类实现。ChainCrf 类使用线性链条件随机场解码和估计来确定标签;HmmDecoder 类使用 HMM 来执行标注。我们接下来将演示这个类。

HmmDecoder 类使用 tag 方法来确定最有可能(最好)的标签,它还有一个 tagNBest 方法,它为可能的标注打分，并返回这个打分的标注的迭代器。LingPipe 附带了三个 POS 模型，可以从 http://alias-i.com/lingpipe/web/models.html 下载。表 5-6 列出了这些数据。在我们的演示中，我们将使用 Brown Corpus 模型。

表 5-6

模型	文件
英语常用词：Brown Corpus	pos-en-general-brown.HiddenMarkovModel
英语生物医学词：MedPost Corpus	pos-en-bio-medpost.HiddenMarkovModel
英语生物医学词：GENIA Corpus	pos-en-bio-genia.HiddenMarkovModel

5.2.3.1　使用带有 Best_First 标签的 HmmDecoder 类

我们从处理异常的 try-with-resources 块和创建 HmmDecoder 实例的代码开始，如下面的代码所示。模型从文件中读取，然后用作 HmmDecoder 构造函数的参数：

```
try (
        FileInputStream inputStream =
            new FileInputStream(getModelDir()
            + "//pos-en-general-brown.HiddenMarkovModel");
        ObjectInputStream objectStream =
            new ObjectInputStream(inputStream);) {
    HiddenMarkovModel hmm = (HiddenMarkovModel)
        objectStream.readObject();
    HmmDecoder decoder = new HmmDecoder(hmm);
    ...
} catch (IOException ex) {
 // Handle exceptions
} catch (ClassNotFoundException ex) {
 // Handle exceptions
};
```

我们将对 theSentence 变量执行标注。首先，需要它进行分词，我们将使用一个 IndoEuropean 分词器，如下所示，tokenizer 方法要求将文本字符串转换为字符数组，然后 tokenize 方法返回一个 tokens 数组作为字符串：

```
TokenizerFactory TOKENIZER_FACTORY =
    IndoEuropeanTokenizerFactory.INSTANCE;
char[] charArray = theSentence.toCharArray();
Tokenizer tokenizer =
    TOKENIZER_FACTORY.tokenizer(
        charArray, 0, charArray.length);
String[] tokens = tokenizer.tokenize();
```

实际的标注是由 HmmDecoder 类的 tag 方法执行的，但是，此方法需要 String 的 List 实例。这个列表是使用 Arrays 类的 asList 方法创建的，Tagging 类包含一系列的词项和标签：

```
List<String> tokenList = Arrays.asList(tokens);
Tagging<String> tagString = decoder.tag(tokenList);
```

我们现在准备显示词项和它们的标签。下面的循环使用 token 和 tag 方法分别访问 Tagging 对象中的词项和标签，然后显示：

```
for (int i = 0; 1 < tagString.size(); ++i) {
    System.out.print(tagString.token(i) + "/"
    + tagString.tag(i) + " ");
}
```

输出如下：

```
The/at voyage/nn of/in the/at Abraham/np Lincoln/np was/bedz for/in a/at
long/jj time/nn marked/vbn by/in no/at special/jj incident/nn ./.
```

5.2.3.2　使用带有 NBest 标签的 HmmDecoder 类

标注过程考虑多个标签组合，HmmDecoder 类的 tagNBest 方法返回 ScoredTagging 对象的迭代器，该迭代器反映不同次序的置信度。此方法接受一个词列表和一个指定所需结果最大数目的数字，前面的句子不够模糊，不足以说明标签的组合。所以，我们将改为使用以下句子：

```
String[] sentence = {"Bill", "used", "the", "force",
    "to", "force", "the", "manager", "to",
    "tear", "the", "bill","in", "to."};
List<String> tokenList = Arrays.asList(sentence);
```

下面是使用此方法的一个示例，首先声明结果的数量：

```
int maxResults = 5;
```

使用在 5.2.3.1 节中创建的 decoder 对象，并对它应用 tagNBest 方法，如下所示：

```
Iterator<ScoredTagging<String>> iterator =
    decoder.tagNBest(tokenList, maxResults);
```

迭代器将允许我们访问五个不同的分数中的每一个，ScoredTagging 类拥有一个 score 方法，该方法返回一个值，该值反映它认为自己执行得有多好。在下面的代码序列中，printf 语句显示这个分数，然后是一个循环，列出显示词项及其标签，结果是一个分数，后面跟着带标签的单词序列：

```
while (iterator.hasNext()) {
    ScoredTagging<String> scoredTagging = iterator.next();
    System.out.printf("Score: %7.3f Sequence: ",
        scoredTagging.score());
    for (int i = 0; i < tokenList.size(); ++i) {
        System.out.print(scoredTagging.token(i) + "/"
            + scoredTagging.tag(i) + " ");
    }
    System.out.println();
}
```

输出如下。请注意，单词"force"可以有 nn、jj 或 vb 标签。

```
   Score: -148.796   Sequence: Bill/np used/vbd the/at force/nn to/to
force/vb the/at manager/nn to/to tear/vb the/at bill/nn in/in two./nn
   Score: -154.434   Sequence: Bill/np used/vbn the/at force/nn to/to
force/vb the/at manager/nn to/to tear/vb the/at bill/nn in/in two./nn
   Score: -154.781   Sequence: Bill/np used/vbd the/at force/nn to/in
force/nn the/at manager/nn to/to tear/vb the/at bill/nn in/in two./nn
   Score: -157.126   Sequence: Bill/np used/vbd the/at force/nn to/to
force/vb the/at manager/jj to/to tear/vb the/at bill/nn in/in two./nn
   Score: -157.340   Sequence: Bill/np used/vbd the/at force/jj to/to
force/vb the/at manager/nn to/to tear/vb the/at bill/nn in/in two./nn
```

5.2.3.3 用 HmmDecoder 类确定标签的置信度

统计分析可以使用晶格结构来执行，这对于分析备选词序很有用，这个结构表示向前 / 向后的分数。HmmDecoder 类的 tagMarginal 方法返回一个 TagLattice 类的实例，它表示一个格子。

我们可以使用 ConditionalClassification 类的一个实例来检查格中的每个词项。在下面的例子中，tagMarginal 方法返回一个 TagLattice 实例，循环用于获取格中每个词项的 ConditionalClassification 实例。我们使用的是与上一节中开发的相同的 tokenList 实例：

```
TagLattice<String> lattice = decoder.tagMarginal(tokenList);
for (int index = 0; index < tokenList.size(); index++) {
    ConditionalClassification classification =
        lattice.tokenClassification(index);
    ...
}
```

ConditionalClassification 类有一个 score 和一个 category 方法，score 方法返回给定类别的相对分数，category 方法返回这个类别，也就是标签。显示词项、分数和类别，如下所示：

```
System.out.printf("%-8s",tokenList.get(index));
for (int i = 0; i < 4; ++i) {
    double score = classification.score(i);
    String tag = classification.category(i);
    System.out.printf("%7.3f/%-3s ",score,tag);
}
System.out.println();
```

输出如下所示：

```
Bill      0.974/np    0.018/nn    0.006/rb    0.001/nps
used      0.935/vbd   0.065/vbn   0.000/jj    0.000/rb
the       1.000/at    0.000/jj    0.000/pps   0.000/pp$$
force     0.977/nn    0.016/jj    0.006/vb    0.001/rb
to        0.944/to    0.055/in    0.000/rb    0.000/nn
force     0.945/vb    0.053/nn    0.002/rb    0.001/jj
the       1.000/at    0.000/jj    0.000/vb    0.000/nn
manager   0.982/nn    0.018/jj    0.000/nn$   0.000/vb
to        0.988/to    0.012/in    0.000/rb    0.000/nn
tear      0.991/vb    0.007/nn    0.001/rb    0.001/jj
the       1.000/at    0.000/jj    0.000/vb    0.000/nn
```

```
bill      0.994/nn    0.003/jj    0.002/rb    0.001/nns
in        0.990/in    0.004/rp    0.002/nn    0.001/jj
two.      0.960/nn    0.013/np    0.011/nns   0.008/rb
```

5.2.4 训练 OpenNLP POSModel

训练一个 OpenNLP POSModel 类似于前面的训练示例，需要一个足够大的训练文件来提供一个好的样本集。训练文件的每个句子必须在单独的一行上，每一行由一个词项、下划线字符和标签组成。

下面的训练数据是根据 *Twenty Thousands Leagues Under the Sea* 的第 5 章的前五句话创建的。虽然这不是一个很大的样本集，但它很容易创建，并且足以达到用于说明的目的。它被保存在一个名为 sample.train 的文件中。

```
    The_DT voyage_NN of_IN the_DT Abraham_NNP Lincoln_NNP was_VBD for_IN
a_DT long_JJ time_NN marked_VBN by_IN no_DT special_JJ incident._NN
    But_CC one_CD circumstance_NN happened_VBD which_WDT showed_VBD the_DT
wonderful_JJ dexterity_NN of_IN Ned_NNP Land,_NNP and_CC proved_VBD what_WP
confidence_NN we_PRP might_MD place_VB in_IN him._PRP$
    The_DT 30th_JJ of_IN June,_NNP the_DT frigate_NN spoke_VBD some_DT
American_NNP whalers,_, from_IN whom_WP we_PRP learned_VBD that_IN they_PRP
knew_VBD nothing_NN about_IN the_DT narwhal._NN
    But_CC one_CD of_IN them,_PRP$ the_DT captain_NN of_IN the_DT
Monroe,_NNP knowing_VBG that_IN Ned_NNP Land_NNP had_VBD shipped_VBN on_IN
board_NN the_DT Abraham_NNP Lincoln,_NNP begged_VBD for_IN his_PRP$ help_NN
in_IN chasing_VBG a_DT whale_NN they_PRP had_VBD in_IN sight._NN
```

我们将演示如何使用 POSModel 类的 train 方法创建模型，以及如何将模型保存到文件中。我们从 POSModel 实例变量的声明开始：

```
POSModel model = null;
```

try-with-resources 块将打开示例文件：

```
try (InputStream dataIn = new FileInputStream("sample.train");) {
    ...
} catch (IOException e) {
    // Handle exceptions
}
```

PlainTextByLineStream 类的一个实例被创建，并与 WordTagSampleStream 类一起使用来创建一个 ObjectStream< POSSample> 实例。这将样本数据转换成 train 方法所需的格式：

```
ObjectStream<String> lineStream =
    new PlainTextByLineStream(dataIn, "UTF-8");
ObjectStream<POSSample> sampleStream =
    new WordTagSampleStream(lineStream);
```

train 方法使用它的参数来指定语言、样本流、训练参数和所需的任何字典（在本例中为空），如下所示。

```
model = POSTaggerME.train("en", sampleStream,
    TrainingParameters.defaultParams(), null, null);
```

这个过程的输出是冗长的。为了节省空间，以下输出被缩短了：

```
Indexing events using cutoff of 5
  Computing event counts...  done. 90 events
  Indexing...  done.
Sorting and merging events... done. Reduced 90 events to 82.
Done indexing.
Incorporating indexed data for training...
done.
  Number of Event Tokens: 82
      Number of Outcomes: 17
    Number of Predicates: 45
...done.
Computing model parameters ...
Performing 100 iterations.
  1:  ... loglikelihood=-254.98920096505964  0.14444444444444443
  2:  ... loglikelihood=-201.19283975630537  0.6
  3:  ... loglikelihood=-174.8849213436524  0.6111111111111112
  4:  ... loglikelihood=-157.58164262220754  0.6333333333333333
  5:  ... loglikelihood=-144.69272379986646  0.6555555555555556
...
 99:  ... loglikelihood=-33.461128002846024  0.9333333333333333
100:  ... loglikelihood=-33.29073273669207  0.9333333333333333
```

要将模型保存到文件中，我们使用以下代码。创建输出流并用 POSModel 类的 serialize 方法将模型保存到 en_pos_verne.bin 文件中：

```
try (OutputStream modelOut = new BufferedOutputStream(
        new FileOutputStream(new File("en_pos_verne.bin")));) {
    model.serialize(modelOut);
} catch (IOException e) {
    // Handle exceptions
}
```

5.3 总结

词性标注是一种识别句子语法成分的强大技术，它为后续的任务提供了有用的处理，如问题分析和分析文本的情感，我们将在第 7 章中讨论解析时将回到这个主题。

因为在大多数语言中都存在歧义，标注不是一个简单的过程。短信文越来越多的使用只会让这个过程更加困难。幸运的是，有一些模型可以很好地识别这种类型的文本。然而，随着新术语和俚语的引入，这些模型需要保持更新。

我们研究了 OpenNLP、Stanford API 和 LingPipe 在支持标注方面的使用，这些库使用了几种不同的方法来标注单词，包括基于规则和基于模型的方法，我们看到了如何使用字典来提高标注过程效果。

我们简要地介绍了模型训练过程，预先标注的示例文本用作流程的输入，模型作为输出。虽然我们没有讨论模型的验证问题，但是这可以像我们在前几章中完成的那样以类似的方式完成。

可以根据许多因素（如准确性和运行速度）对各种 POS 标注器方法进行比较。虽然我们没有在这里讨论这些问题，但是有许多可用的网络资源，可以在 http://mattwilkens. com/2008/11/08/evaluating-pos- taggers-speed/ 上找到关于它们运行速度的比较。

下一章，我们将研究如何用特征表示文本。

第6章

用特征表示文本

文本包含需要提取的特征，同时考虑到它们的上下文，但是将一整段文本一起处理以包含上下文对机器来说是非常困难的。

在本章中，我们将了解如何使用 n-gram 来表示文本，以及它们在关联上下文时所起的作用。我们将看到词嵌入，在这个过程中，单词的表示被转换或映射为数字（实数），以便机器能够更好地理解和处理它们，这可能会由于文本的数量而导致高维性的问题。所以，接下来，我们将看到如何在保持上下文的情况下减少向量的维数。

在本章中，我们将讨论以下主题：

- n-gram
- 词嵌入
- GloVe
- word2vec
- 降维
- 主成分分析
- t-SNE

6.1 n-gram

n-gram 是一种用于预测下一个单词、文本或字母的概率模型。它以一种统计结构捕获语言，因为机器更擅长处理数字而不是文本。许多公司在拼写纠正和建议、断句或总结文本时都使用这种方法。让我们试着去理解它。n-gram 是简单的单词或字母序列，大部分是单词。比如句子 "This is n-gram model" 它有四个单词或符号，所以是 4-gram，来自同一文本的 3-gram 将是 "This is n-gram" 和 "is n-gram model"。两个单词是 bigram，一个单词是 unigram。让我们试着用 Java 和 OpenNLP 来理解：

```
String sampletext = "This is n-gram model";
System.out.println(sampletext);
StringList tokens = new
```

```
StringList(WhitespaceTokenizer.INSTANCE.tokenize(sampletext));
        System.out.println("Tokens " + tokens);
        NGramModel nGramModel = new NGramModel();
        nGramModel.add(tokens,3,4);
        System.out.println("Total ngrams: " + nGramModel.numberOfGrams());
        for (StringList ngram : nGramModel) {
            System.out.println(nGramModel.getCount(ngram) + " - " + ngram);
        }
```

我们从一个字符串开始，使用一个分词器，得到所有的词项。使用 nGramModel 计算 n-gram 中的 *n*，在前面的例子中，它是 3-gram，输出如下：

```
This is n-gram model
Tokens [This,is,n-gram,model]
Total ngrams: 3
1 - [is,n-gram,model]
1 - [This,is,n-gram]
1 - [This,is,n-gram,model]
```

如果更改为 2-gram（即 bigram），则输出如下：

```
This is n-gram model
Tokens [This,is,n-gram,model]
Total ngrams: 6
1 - [is,n-gram,model]
1 - [n-gram,model]
1 - [This,is,n-gram]
1 - [This,is,n-gram,model]
1 - [is,n-gram]
1 - [This,is]
```

使用 n-gram，我们可以得到一个单词序列的概率：在给定的单词 x 之前或之后出现哪个单词的概率。从之前的 bigram，我们可以得出单词"model"出现在单词"n-gram"之后的概率高于任何其他单词。下一步是准备一个频率表，找出下一个要出现的单词。例如，对于 bigram，如表 6-1 所示。

表 6-1

单词 1	单词 2	数量 / 频率
was	the	55 000
are	the	25 000
is	the	45 000

从这个表中，我们可以看出，在给定的上下文中，"was"单词出现在"the"单词之前的可能性最大。这看起来很简单，但是想想有 20 000 个或更多单词的文本的情况下，频率表可能需要数十亿个条目。另一种方法是用概率来估计，我们想要知道从句子 W（即单词 $w1, w2, \cdots, wn$）中得到 wi 的概率是：

$$P(wi)=C(wi)/N$$

这里，N 表示总词数，C（　）表示某个词的数量。利用概率的链式法则，它是这样的：

$$P(w1, w2, \cdots, wn)=P(w1)P\ (w2|w1)\ ...P(wn|w1 \times \cdots \times w(n-1))$$

让我们试着用之前的句子来理解它，"This is n-gram model"：

$P("This\ is\ n\text{-}gram\ model") = P("This")\ P("is"|"This")\ P("n\text{-}gram"|"This\ is")\ P("model"\ |\ "This\ is\ n\text{-}gram")$

它看起来比较简单，但是对于长句子和计算估算来说，就不那么简单了。不过使用马尔可夫假设的话，方程可以简化，因为马尔可夫假设说一个单词出现的概率取决于前一个单词：

$P("This\ is\ n\text{-}gram\ model") = P("This")\ P("is"|"This")\ P("n\text{-}gram"|"is")\ P("model"\ |\ "n\text{-}gram")$

所以，现在，我们可以说：

$$P(wi) \approx P(wi|wi\text{-}1)$$

6.2　词嵌入

需要教计算机如何处理上下文，比如说"我喜欢吃苹果。"，电脑需要明白，在这里苹果是一种水果，而不是一家公司。我们希望文本中有相同含义的单词具有相同的表示，或者至少是相似的表示，以便机器能够理解这些单词具有相同的含义。词嵌入的主要目的是尽可能多地捕获与单词相关的上下文、层次和形态信息。词嵌入可分为两类：

- 基于频率的嵌入
- 基于预测的嵌入

从名称中可以看出，基于频率的嵌入使用计数机制，而基于预测的嵌入使用概率机制。

基于频率的嵌入可以通过不同的方式实现，如使用计数向量、TD-IDF 向量、共现向量或矩阵。一个计数向量试图从所有文档中学习，它将学习一项词汇表并计算它在目标文档中出现的次数。让我们考虑一个非常简单的例子，有两个文件，$d1$ 和 $d2$：

- $d1$ = Count vector, given the total count of words
- $d2$ = Count function, returning the total number of values in a set

下一步是找到词项，它们是"Count""vector""give""total""of""word""return""number""values""in""set"。给定两个文档和 11 个词项，计数向量或矩阵将如表 6-2 所示。

表　6-2

	Count	vector	give	total	of	word	return	number	values	in	set
d1	2	1	1	1	1	1	0	0	0	0	0
d2	1	0	0	1	1	0	1	1	1	1	1

但是，当有大量的文档、大量的文本、大量的文本语料时，矩阵将很难构造并包含许多行和列。有时，常用词会被删除，例如 a、an、the 和 this。

第一种基于频率的嵌入方法是 TF-IDF 向量，TF 代表词频率，IDF 代表逆向文档频率。这种方法背后的思想是删除所有文档中经常出现但没有任何意义的不必要的单词。这包括 a、an、the、this、that 和 are 等词。"The" 是英语中最常见的单词，因此在任何文档中都会经常出现。

将 *TF* 定义为词在文档中出现的次数除以文档中术语的数目，*IDF*=log（*N/n*），其中 *N* 是文档的数目，*n* 是出现某一词的文档数目。考虑到前面的示例，词 "count" 在 *d1* 中出现两次，在 *d2* 中出现一次，词 "total" 在两个文档中都出现一次，因此其 *TF* 计算为：

- *TF(Count/d1) = 2/7*
- *TF(Count/d2) = 1/8*
- *TF(total/d1) = 1/2*
- *TF(total/d2) = 1/2*

让我们计算词 "total" 的 *IDF*。这两份文档中的词 "total" 都出现了一次，因此 *IDF* 将是：

$$IDF(total)=log(2/2)=0$$

所以，如果这个单词出现在每个文档中，那么这个单词就有可能与文档不太相关，可以被忽略。如果该词出现在某些文档中，而不是所有文档中，则它可能与词有一定的相关性。例如词 "count" 的 *IDF* 值为[⊖]：

$$IDF(count)=log(3/2)=0.17609$$

要计算 TF-IDF，我们只需乘以上一步计算的值：

$$TF\text{-}IDF(total, d1) = 1/2 * 0 = 0$$

$$TF\text{-}IDF(count, d1) = 2/7 * 0.17609 = 0.0503$$

另一种基于频率的嵌入方法是使用共现向量或矩阵。它对一起出现的单词起作用，因此具有相似的上下文，可以捕获单词之间的关系。它通过确定上下文窗口的长度来工作，上下文窗口定义要查找的单词数，想想 "This is word embedding example." 这句话。

当我们说上下文窗口大小为 2 时，这意味着我们只对给定单词之前的两个单词和之后的两个单词感兴趣。假设这个单词是 "word"，所以当我们计算它的共现时，只考虑 "word" 之前的两个单词和 "word" 之后的两个单词。这样的表或矩阵被转换成概率。它有很多优

⊖　作者采用的计算 *IDF*（*count*）方式是：*N* 为全部文档中该词的词频，*n* 是文档数目。如果使用本章中的公式，应该是 *IDF*（*count*）=log（2/2）=0。——译者注

点，比如它保留了单词之间的关系，但这样的矩阵是巨大的。

另一种方法是使用基于预测的词嵌入，它可以使用连续词袋（Continuous Bag of Word，CBOW）模型或 skip-gram 模型来实现。CBOW 预测一个单词在特定情况、上下文或场景中出现的概率，可能是单个单词，也可能是多个单词。考虑一下这个句子"Sample word using continuous bag of words."。因此，上下文将是 ["Sample","word","using","continuous", "bag","of","words"]，这将被馈送到神经网络。现在，它将帮助我们预测给定上下文的单词。另一种方法是使用 skip-gram 模型，它使用与 CBOW 相同的方法，但目的是给定一个单词根据上下文预测所有其他单词，也就是说，它应该预测给定单词的上下文。

这两种方法都需要理解神经网络，在神经网络中，输入通过使用权值的隐层传递。下一层是输出层，使用 softmax 函数计算输出层，然后将这些值与原始值进行比较，该原始值可能与第一次运行的结果有所不同，并计算出损失。损失是原始值与预测值的差值，然后将此损失反向传播，调整权重，并重复此过程，直到损失最小或接近于 0。

在 6.4 节中，我们将看到如何使用 word2vec，它是 CBOW 和 skip-gram 模型的结合。

6.3　GloVe

单词表示的全局向量（Global Vector, GloVe）是单词表示的一个模型，它属于无监督学习的范畴，它通过为单词出现建立计数矩阵来学习。最初，它从一个大矩阵开始，存储几乎所有的单词和它们的共现信息，该矩阵存储给定文本中某些单词在序列中出现频率的计数。在 Stanford NLP 中提供了对 GloVe 的支持，但未在 Java 中实现。要阅读更多关于 GloVe 的信息，请访问 https://nlp.stanford.edu/pubs/glove.pdf. 可以在 https://nlp. Stanford.edu/projects/GloVe/ 上找到关于 Stanford GloVe 的简要介绍和一些资源。为了了解 GloVe 是做什么的，我们将使用在 https://github.com/ erwtokritos/JGloVe 中找到的 GloVe 的 Java 实现。

代码还包括测试文件和文本文件，文本文件的内容如下：

```
human interface computer
survey user computer system response time
eps user interface system
system human system eps
user response time
trees
graph trees
graph minors trees
graph minors survey
I like graph and stuff
I like trees and stuff
Sometimes I build a graph
Sometimes I build trees
```

GloVe 展示了之前文本中类似的单词，从之前的文本中找到与"graph"相似的单词的结果如下：

```
INFO: Building vocabulary complete.. There are 19 terms
Iteration #1 , cost = 0.4109707480627031
Iteration #2 , cost = 0.37748817335537205
Iteration #3 , cost = 0.3563396433036622
Iteration #4 , cost = 0.3483667149265019
Iteration #5 , cost = 0.3434632969758875
Iteration #6 , cost = 0.33917154339742045
Iteration #7 , cost = 0.3304641363014488
Iteration #8 , cost = 0.32717383183159243
Iteration #9 , cost = 0.3240225514512226
Iteration #10 , cost = 0.32196412138868596
@trees
@minors
@computer
@a
@like
@survey
@eps
@interface
@and
@human
@user
@time
@response
@system
@Sometimes
```

因此，第一个匹配的单词是"tree"，其次是"minor"，以此类推。用来测试的代码如下：

```
        String file = "test.txt";
        Options options = new Options();
        options.debug = true;
        Vocabulary vocab = GloVe.build_vocabulary(file, options);
        options.window_size = 3;
        List<Cooccurrence> c =  GloVe.build_cooccurrence(vocab, file,
options);
        options.iterations = 10;
        options.vector_size = 10;
        options.debug = true;
        DoubleMatrix W = GloVe.train(vocab, c, options);

        List<String> similars = Methods.most_similar(W, vocab, "graph",
15);
        for(String similar : similars) {
            System.out.println("@" + similar);
        }
```

6.4　word2vec

　　GloVe 是一种基于计数的模型，它创建一个矩阵来计数单词，而 word2vec 是一种预测模型，它使用预测和损失调整来发现相似性。它的工作原理类似于前馈神经网络，并使用各种技术，其中包括随机梯度下降（Stochastic Gradient Descent，SGD）进行优化，这是机器学习的核心概念。在向量表示中，它在预测给定上下文单词方面更有用。我们将使用来自 https://github.com/IsaacChanghau/Word2VecfJava 的 word2vec 实现，我们还需要来自 https://drive.google.com/file/d/0B7XkCwpI5KDYNlNUTTlSS21pQmM/edit?usp=sharing 的 GoogleNewsvectors-negative300.bin 文件。因为它包含了 GoogleNews 数据集的预训练向量，包含 300 万个单词和短语的 300 维向量。示例程序将找到要杀死的类似单词，以下是示例输出：

```
loading embeddings and creating word2vec...
[main] INFO org.nd4j.linalg.factory.Nd4jBackend - Loaded [CpuBackend]
backend
[main] INFO org.nd4j.nativeblas.NativeOpsHolder - Number of threads used
for NativeOps: 2
[main] INFO org.reflections.Reflections - Reflections took 410 ms to scan 1
urls, producing 29 keys and 189 values
[main] INFO org.nd4j.nativeblas.Nd4jBlas - Number of threads used for BLAS:
2
[main] INFO org.nd4j.linalg.api.ops.executioner.DefaultOpExecutioner -
Backend used: [CPU]; OS: [Linux]
[main] INFO org.nd4j.linalg.api.ops.executioner.DefaultOpExecutioner -
Cores: [4]; Memory: [5.3GB];
[main] INFO org.nd4j.linalg.api.ops.executioner.DefaultOpExecutioner - Blas
vendor: [OPENBLAS]
[main] INFO org.reflections.Reflections - Reflections took 373 ms to scan 1
urls, producing 373 keys and 1449 values
done...
kill    1.0000001192092896
kills   0.6048964262008667
killing    0.6003166437149048
destroy    0.5964594483375549
exterminate    0.5908634066581726
decapitate    0.5677944421768188
assassinate    0.5450955629348755
behead    0.532557487487793
terrorize    0.5281200408935547
commit_suicide    0.5269641280174255
0.10049013048410416
0.1868356168270111
```

6.5 降维

词嵌入是自然语言处理的基本构件。GloVe、word2vec 或任何其他形式的词嵌入将生成一个二维矩阵，但它是存储在一维向量。这里的维数指的是这些向量的大小，与词汇量的大小不同。图 6-1 取自 https://nlp.stanford.edu/projects/glove/，显示词汇量与向量维度。

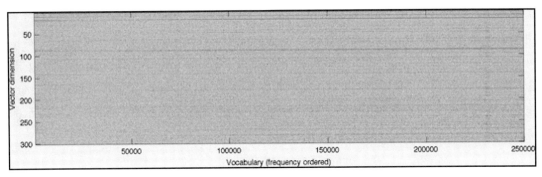

图   6-1

另一个大维度的问题是在现实世界中使用词嵌入所需要的内存；如果一个简单的 300 维向量有超过 100 万个词项，那么将需要 6 GB 或更多的内存来处理。在实际的 NLP 案例中，使用这么大的内存是不实际的。最好的方法是通过降维来减少尺寸，t 分布随机邻接嵌入（t-Distributed Stochastic Neighbor Embeddmg，t-SNE）和主成分分析（Principal Component Analysis，PCA）是两种常用的降维方法。在 6.6 节中，我们将看到如何使用这两种算法来实现降维。

6.6 主成分分析

主成分分析（PCA）是一种线性和确定性的算法，它试图捕捉数据中的相似性。一旦发现相似点，就可以从高维数据中删除不必要的维度。它使用特征向量和特征值的概念，一个简单的例子将帮助你理解特征向量和特征值，前提是你对矩阵有基本的了解：

$$\begin{pmatrix} 2 & 3 \\ 2 & 1 \end{pmatrix} \times \begin{pmatrix} 3 \\ 2 \end{pmatrix} = \begin{pmatrix} 12 \\ 8 \end{pmatrix}$$

这等效于以下内容：

$$4 \times \begin{pmatrix} 3 \\ 2 \end{pmatrix} = \begin{pmatrix} 12 \\ 8 \end{pmatrix}$$

这是特征向量的情况，4 是特征值。

PCA 方法很简单，首先从数据中减去均值，然后求协方差矩阵，计算其特征向量和特征值。一旦你有了特征向量和特征值，把它们从高到低排序，这样我们就可以忽略重要性较小的分量。如果特征值很小，损失可以忽略不计。如果你有 n 维的数据你计算 n 个特征向量和特征值，你可以从 n 中选择一些特征向量，比如说 m 个特征向量，m 总是小于 n，所以最后的数据集只有 m 维。

6.7　t-SNE

广泛应用于机器学习的 t-分布随机邻接嵌入（t-SNE）是一种非线性、非确定性的算法，它创建一个包含数千维数据的二维图。

换句话说，它将高维空间中的数据转换成二维平面。t-SNE 试图在数据中保存或保留当前的近邻，这是一种非常流行的降维方法，因为它非常灵活，能够在其他算法失败的地方找到数据中的结构或关系。它通过计算对象 i 选择潜在邻居 j 的概率来做到这一点。它将从高维空间中选择相似的对象，因为它比不太相似的对象有更高的概率，它使用对象之间的欧氏距离作为相似性度量的基础。t-SNE 使用困惑度特性来调整和决定如何平衡局部和全局数据。

t-SNE 实现可以在多种语言中使用，我们将在 https://github.com/lejon/T-SNE-Java 中进行实现，使用 git 和 mvn，你可以构建并使用本文提供的示例。执行以下命令：

```
> git clone https://github.com/lejon/T-SNE-Java.git
> cd T-SNE-Java
> mvn install
> cd tsne-demo
> java -jar target/tsne-demos-2.4.0.jar -nohdr -nolbls
src/main/resources/datasets/iris_X.txt
```

输出将如下所示：

```
TSneCsv: Running 2000 iterations of t-SNE on
src/main/resources/datasets/iris_X.txt
NA string is: null
Loaded CSV with: 150 rows and 4 columns.
Dataset types:[class java.lang.Double, class java.lang.Double, class
java.lang.Double, class java.lang.Double]
          V0              V1              V2              V3
0      5.10000000      3.50000000      1.40000000      0.20000000
1      4.90000000      3.00000000      1.40000000      0.20000000
2      4.70000000      3.20000000      1.30000000      0.20000000
3      4.60000000      3.10000000      1.50000000      0.20000000
4      5.00000000      3.60000000      1.40000000      0.20000000
5      5.40000000      3.90000000      1.70000000      0.40000000
6      4.60000000      3.40000000      1.40000000      0.30000000
7      5.00000000      3.40000000      1.50000000      0.20000000
8      4.40000000      2.90000000      1.40000000      0.20000000
9      4.90000000      3.10000000      1.50000000      0.10000000
```

```
Dim:150 x 4
000: [5.1000, 3.5000, 1.4000, 0.2000...]
001: [4.9000, 3.0000, 1.4000, 0.2000...]
002: [4.7000, 3.2000, 1.3000, 0.2000...]
003: [4.6000, 3.1000, 1.5000, 0.2000...]
004: [5.0000, 3.6000, 1.4000, 0.2000...]


145: [6.7000, 3.0000, 5.2000, 2.3000]
146: [6.3000, 2.5000, 5.0000, 1.9000]
147: [6.5000, 3.0000, 5.2000, 2.0000]
148: [6.2000, 3.4000, 5.4000, 2.3000]
149: [5.9000, 3.0000, 5.1000, 1.8000]
X:Shape is = 150 x 4
Using no_dims = 2, perplexity = 20.000000, and theta = 0.500000
Computing input similarities...
Done in 0.06 seconds (sparsity = 0.472756)!
Learning embedding...
Iteration 50: error is 64.67259135061494 (50 iterations in 0.19 seconds)
Iteration 100: error is 61.50118570075227 (50 iterations in 0.20 seconds)
Iteration 150: error is 61.373758889762875 (50 iterations in 0.20 seconds)
Iteration 200: error is 55.78219488135168 (50 iterations in 0.09 seconds)
Iteration 250: error is 2.3581173593529687 (50 iterations in 0.09 seconds)
Iteration 300: error is 2.2349608757095827 (50 iterations in 0.07 seconds)
Iteration 350: error is 1.9906437450336596 (50 iterations in 0.07 seconds)
Iteration 400: error is 1.8958764344779482 (50 iterations in 0.08 seconds)
Iteration 450: error is 1.7360726540960958 (50 iterations in 0.08 seconds)
Iteration 500: error is 1.553250634564741 (50 iterations in 0.09 seconds)
Iteration 550: error is 1.294981722012944 (50 iterations in 0.06 seconds)
Iteration 600: error is 1.0985607573299603 (50 iterations in 0.03 seconds)
Iteration 650: error is 1.0810715645272573 (50 iterations in 0.04 seconds)
Iteration 700: error is 0.8168399675722107 (50 iterations in 0.05 seconds)
Iteration 750: error is 0.7158739920771124 (50 iterations in 0.03 seconds)
Iteration 800: error is 0.6911748222330966 (50 iterations in 0.04 seconds)
Iteration 850: error is 0.6123536061655738 (50 iterations in 0.04 seconds)
Iteration 900: error is 0.5631133416913786 (50 iterations in 0.04 seconds)
Iteration 950: error is 0.5905547118496892 (50 iterations in 0.03 seconds)
Iteration 1000: error is 0.5053631170520657 (50 iterations in 0.04 seconds)
Iteration 1050: error is 0.44752244538411406 (50 iterations in 0.04
seconds)
Iteration 1100: error is 0.40661841893114614 (50 iterations in 0.03
seconds)
Iteration 1150: error is 0.3267394426152807 (50 iterations in 0.05 seconds)
Iteration 1200: error is 0.3393774577158965 (50 iterations in 0.03 seconds)
Iteration 1250: error is 0.37023103950965025 (50 iterations in 0.04
seconds)
Iteration 1300: error is 0.3192975790641602 (50 iterations in 0.04 seconds)
Iteration 1350: error is 0.28140161036965816 (50 iterations in 0.03
seconds)
Iteration 1400: error is 0.30413739839879855 (50 iterations in 0.04
seconds)
Iteration 1450: error is 0.31755361125826165 (50 iterations in 0.04
```

```
seconds)
Iteration 1500: error is 0.36301524742916624 (50 iterations in 0.04
seconds)
Iteration 1550: error is 0.3063801941900375 (50 iterations in 0.03 seconds)
Iteration 1600: error is 0.2928584822753138 (50 iterations in 0.03 seconds)
Iteration 1650: error is 0.2867502934852756 (50 iterations in 0.03 seconds)
Iteration 1700: error is 0.470469997545481 (50 iterations in 0.04 seconds)
Iteration 1750: error is 0.4792376115843584 (50 iterations in 0.04 seconds)
Iteration 1800: error is 0.5100126924750723 (50 iterations in 0.06 seconds)
Iteration 1850: error is 0.37855035406353427 (50 iterations in 0.04
seconds)
Iteration 1900: error is 0.32776847081948496 (50 iterations in 0.04
seconds)
Iteration 1950: error is 0.3875134029990107 (50 iterations in 0.04 seconds)
Iteration 1999: error is 0.32560416632168365 (50 iterations in 0.04
seconds)
Fitting performed in 2.29 seconds.
TSne took: 2.43 seconds
```

本例使用了 iris_X.txt，它有 150 行 4 列，所以大小是 150 x 4。它试图通过设置困惑度为 20 和 θ 为 0.5 来将这些维度减少到 2。它对 iris_X.txt 中提供的数据进行迭代，并使用梯度下降法，在经过 2000 次迭代之后在 2D 平面上生成图形，如图 6-2 所示。该图以二维平面显示了数据中的集群，有效地降低了数据的维数。对于如何实现这一点的数学方法，有许多关于这个主题的论文和维基百科的文章（https://en.wikipedia.org/wiki/ T-distributed_ stochastic_neighbor_embeddeding）也解释了这个问题。

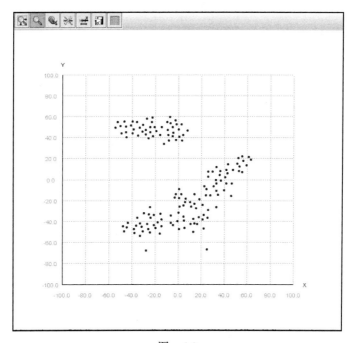

图　6-2

6.8　总结

在本章中，我们讨论了词嵌入以及它在自然语言处理中的重要性。n-gram 用于显示如何将单词作为向量处理，以及如何存储单词计数以查找相关性。GloVe 和 word2vec 是两种常见的词嵌入方法，其中单词计数或概率存储在向量中，这两种方法都导致了高维性，这在现实世界中是不可行的，特别是在移动设备或内存较少的设备上。我们已经看到了两种不同的降维方法。

下一章，我们将看到如何从非结构化格式（如文本）进行信息检索。

第 **7** 章

信 息 检 索

信息检索（Information Retrieval，IR）用于在非结构化数据中查找信息。任何没有特定或通用结构的数据都是非结构化数据，处理这些数据对机器来说是一个巨大的挑战。非结构化数据的一些例子是文本文件、doc 文件、XML 文件等，这些文件在本地 PC 或 web 上都是可用的。因此，处理如此大量的非结构化数据并找到相关信息是一项具有挑战性的任务。

我们将在本章介绍以下主题：

- 布尔检索
- 字典和宽容检索
- 向量空间模型
- 计分和术语加权
- 逆文档频率
- TF-IDF 加权
- 信息检索系统评估

7.1 布尔检索

布尔检索处理检索系统或算法，在这些检索系统或算法中，可以将 IR 查询视为使用 AND、OR 和 NOT 操作术语的布尔表达式。布尔检索模型是将文档视为单词并可以使用布尔表达式应用查询术语的模型。一个标准的例子就是莎士比亚的全集。这个查询是为了确定包含单词 "Brutus" 和 "Caesar" 的剧本，而不是包含 "Calpurnia" 的剧本。使用基于 Unix 的系统上可用的 grep 命令，这样的查询是可行的。

当文档大小有限时，这是一个有效的过程，但是快速处理大型文档或 web 上可用的数据量，并根据出现次数对其进行排序是不可能的。替代方法是预先为文档建立术语索引。该方法是创建一个关联矩阵，它以二进制形式记录并标记该术语是否出现在给定的剧本中，如

表 7-1 所示。

表　7-1

	Antony and Cleopatra	Julius Caesar	The Tempest	Hamlet	Othello	Macbeth
Brutus	1	1	0	1	0	0
Caesar	1	1	0	1	1	1
Calpurnia	0	1	0	0	0	0
Mercy	1	0	1	1	1	1
Worser	1	0	1	1	1	0

现在，为了回答先前对 "Brutus" 和 "Caesar"（而不是 "Calpurnia"）的要求，查询可以变成 110100 AND 110111 AND 101111 = 100100，所以答案是 *Antony and Cleopatra* 和 *Hamlet* 是满足我们的查询。

前面的矩阵是好的，但是考虑到语料库很大，它可以成长为任何一个条目为 1 和 0 的矩阵。考虑创建一个包含 50 万个术语和 100 万个文档的矩阵，这将产生一个包含 50 万个 × 100 万个维度的矩阵。如上表所示，矩阵的元素将是 0 和 1，因此使用了倒排索引。它以字典的形式存储术语和文档列表，如图 7-1 所示。

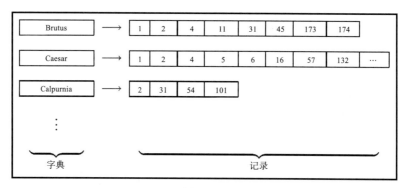

图　7-1

源自 https://nlp.stanford.edu/IR-book/pdf/01bool.pdf

出现术语的文档存储在一个列表中，称为记录列表，单个文档称为记录。要创建这样的结构，需要对文档进行分词，并通过语言预处理对所创建的词进行规范化。一旦规范化的词形成，就会创建一个字典和一个记录。为了提供排名，该术语的频率也会被存储，如图 7-2 所示。

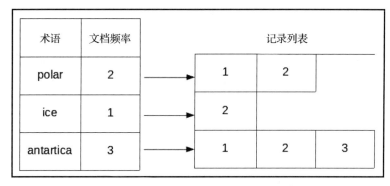

图　7-2

存储的额外信息对于排名检索模型中的搜索引擎很有用，还对记录列表进行了排序，以进行有效的查询处理。使用这种方法，存储需求减少。调用具有 1 和 0 的 $m \times n$ 矩阵，这也有助于处理布尔查询或检索。

7.2　字典和容错性检索

字典数据结构存储的列表术语词汇表，以及包含给定术语的文档列表，也作为记录。

字典数据结构可以以两种不同的方式存储：使用散列表或树。当语料库增长时，存储这种数据结构的简单方法将导致性能问题。一些 IR 系统使用散列表方法，而另一些系统使用树方法来创建字典。这两种方法各有利弊。

散列表以整数的形式存储词汇，整数是通过散列运算获得的。在散列表中查找或搜索更快，因为它的时间复杂度是 $O(1)$。如果搜索是基于前缀的搜索，比如查找以 "abc" 开头的文本，那么如果使用散列表来存储术语，则无法工作，因为术语将被散列，很难找到小的变体。随着术语的增长，重新散列的代价是昂贵的。

基于树的方法使用树结构，通常是二叉树，这对于搜索非常有效，它能有效地处理前缀库搜索。它比较慢，因为需要 $O(\log M)$ 来搜索，树的每一次重新平衡都是昂贵的。

7.2.1　通配符查询

通配符查询使用 "*" 指定要搜索的内容，它可以出现在不同的地方，比如单词的开头或结尾。搜索词可能以 "*its" 开头，这意味着查找以 "its" 结尾的单词，这种查询称为后缀查询；搜索词可以在结尾使用 "*"，例如 "its*"，这意味着查找以 "its" 开头的单词，这种查询称为前缀查询。对于树，前缀查询很容易，因为它们要求我们在 its <= t <= itt 之间查找术语。后缀查询需要额外的树来维护向后移动的术语。第二种需要更多操作的查询是中间有 "*" 的查询，如 "fil*er"、"se*te" 和 "pro*cent"。要解决这样的查询，需要找到 "fil*" 和 "*er"，并将这两个集合的结果相交。这是一个昂贵的操作，因为需要

遍历树的两个方向，这需要一个变通方法来简化它。一种方法是修改查询，使其仅在末尾包含"*"。轮排索引方法为单词添加了一个特殊字符"$"，例如，术语"hello"可以表示为"hello$""cllo$h""llo$he""lo$hel"或"o$hell"。让我们假设查询是针对"hel*o"的，因此它将查找"hel"和"o"，并以"o$hel"结束。它只是旋转通配符，使其只出现在末尾。它将 B 树中的所有旋转相加，它也占用了很多空间；另一种方法是使用二元（k-gram）索引，它比轮排索引更有效。在二元索引中，所有 k-gram 都被枚举。例如，"April is the cruelest month"，分成 2-gram 如下图所示：

```
$a, ap, pr, ri, il, l$, $i, is, s$, $t, th, he, e$, $c, cr, ru, ue, el,
le, es, st, t$, $m, mo, on, nt, h$
```

"$"用于表示术语的开始或结束。它为所有 bigram 和包含 bigram 的字典术语以倒立的形式维护第二个索引。它检索所有与二元组匹配的记录，并与整个列表相交。现在，像"hel*"这样的查询运行为 $h and he and el。它应用一个后置过滤器来过滤不相关的结果，速度快且空间利用率高。

7.2.2   拼写校正

拼写校正的最好例子是谷歌，当我们搜索拼写错误的内容时，它会提示正确的拼写，如图 7-3 所示。

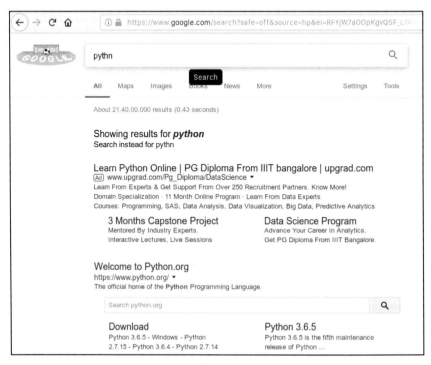

图   7-3

大多数算法用于拼写校正的两个基本原则如下：

- 查找与拼写错误的单词最接近的匹配。这就要求我们对术语采取接近措施。
- 如果两个或两个以上的单词是正确的，并且连在一起，就用最常用的那个。最常见的单词是根据文档中每个词的数量来计算的，然后选择数量最高的。

拼写校正的两种具体形式是独立的术语校正和上下文敏感校正。独立的术语校正处理拼写错误，基本上，它会检查每个单词的拼写错误，它不考虑句子的上下文。例如，如果遇到"form"这个单词，替换为"from"词被视为正确的，因为拼写是正确的。上下文敏感的校正会查看周围的单词，并提供所需的校正，因此它可以建议"form"而不是"forms"。如果给定的句子是"We took flight form point A to point B"，在这个句子中，"form"这个单词是错误的，但是拼写是正确的，所以独立的词汇校正会认为它是正确的，而上下文敏感的校正会建议"from"而不是"form"。

7.2.3　Soundex

当一个查询的发音与目标词汇相似而出现拼写错误时，需要进行语音校正。这主要发生在人名中，其思想是为每个词生成一个散列，使发音相同的词具有相同的散列。算法执行语音散列，这样对于发音相似的单词是相同的散列，称为 Soundex 算法，它是 1981 年为美国人口普查而发明的。方法如下：

（1）将要索引的每个术语转换为四个字符的简化形式，建立一个从这些简化形式到原始术语的反向索引，称之为 Soundex 索引。

（2）对查询术语也执行与上一步同样的操作。

（3）当查询调用 Soundex 匹配时，搜索此 Soundex 索引。

它是许多流行数据库提供的标准算法。Soundex 对信息检索没有太大帮助，但它有自己的应用程序，其中根据人名进行搜索非常重要。

7.3　向量空间模型

布尔检索工作做得很好，但它只给出二进制的输出，它表示这个词与文档匹配或不在文档中，如果只有有限数量的文档，这种方法就可以很好地工作。如果文档的数量增加，生成的结果就很难让人理解。考虑一个搜索项，在 100 万个文档中搜索 X，其中一半返回正结果。下一阶段是根据某些基础（如排名或其他机制）对文档进行排序，以显示结果。

如果需要排名，那么文档需要附加某种分数，这是由搜索引擎给出的。对于普通用户来说，编写布尔查询本身是一项困难的任务，他们必须使用 and、or 和 not 来进行查询。在实时情况下，查询可以是简单的单个单词查询，也可以是复杂的包含大量单词的句子查询。向量空间模型可分为三个阶段。

- 文档索引，从文档中提取术语。
- 给索引项添加权重，可以增强检索系统。
- 根据查询和相似度对文档进行排序。

与文档相关联的元数据总是具有多种类型的信息，例如：作者详情、创立日期、文件格式、标题、出版日期、摘要（尽管并非总是如此）。

这些元数据有助于形成诸如"搜索作者为 xyz 且发表于 2017 年的所有文档"或"搜索标题包含 AI 且作者为 ABC 的文档"之类的查询。对于这样的查询，将保留参数索引，这样的查询称为参数搜索。区域包含自由文本，如标题，这在参数索引中是不可能的。通常，对于每个参数，都会准备一个单独的参数索引。搜索标题或摘要需要采用分区方法，每个专区都有单独的索引，如图 7-4 所示。

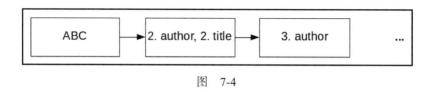

图　7-4

这确保了数据的有效检索和存储。它仍然适用于布尔查询和对字段和区域的检索。将一组文档表示为公共向量空间中的向量，称为向量空间模型。

7.4　计分和术语加权

术语加权涉及评估一个术语相对于一个文档的重要性。一个简单的方法是，除了停用词之外，在文档中出现得更多的术语是一个重要的术语。0 至 1 的分数可以分配给每个文档，分数是一种度量，它显示了在文档中术语或查询的匹配程度，得分为 0 表示该术语在文档中不存在。随着术语在文档中的频率增加，分数从 0 移到 1。因此，对于给定的术语 X，三个文档 d1、d2、d3 的分数分别为 0.2、0.3、0.5，这意味着 d3 的匹配度比 d2 更重要，d1 对总分数的影响最小。这同样适用于专区。如何分配该术语的分数或权重需要从一些训练集中学习或不断学习运行和更新术语的分数。

实时查询将采用自由文本的形式，而不是布尔表达式的形式。例如，一个布尔查询可以回答某个东西看起来像 A 和 B，但不像 C，而一个自由文本查询可以检查 A 是否有 B 和 C。因此，在自由文本中，需要一种评分机制，其中每个单独的术语的分数相加，并将权重分配给与文档相关的术语。最简单的方法是分配一个权值，该权值等于该术语在文档中出现的次数。这种加权方案称为词频（Term Frequency），通常写成 $tf_{t,d}$，其中 tf 为词频，t 为词（术语），d 为文档。

7.5 逆文档频率

如果我们对所有查询都考虑具有相同重要性的所有术语，那么它将不适用于所有查询。如果这些文档与"ice"有关，那么很明显，"ice"将出现在几乎所有文档中，频率可能很高。文档集频率（collection frequency）和文档频率是两个需要解释的不同术语，文档集包含许多文档。文档集频率（cf）显示集合中所有文档中的术语（t）的频率，而文档频率（df）显示单个文档中的术语（t）的频率。因此，"ice"这个单词的文档集频率很高，因为它被假定出现在收集的所有文档中。一个简单的想法是减少这些术语的权重，如果它们具有较高的文档集频率。逆频率定义如下：

$$idf_t = \log \frac{N}{df_t}$$

这里，N 是集合中文档的总数，频繁词的 idf 可能很低，而罕见项的可能很高。

7.6 TF-IDF 加权

TF-IDF 将词频（Term Frequency，TF）和逆文档频率（Inverse Document Frequency，IDF）两种方法相结合，为文档中的每个词生成一个权值，其计算公式如下：

$$tf - idf_{t,d} = tf_{t,d} \times idf_t$$

换句话说，它为文档 d 中的术语 t 分配权重，如下所示：
- 如果术语 t 在一些文档中出现多次，它的权重是最高的；
- 如果术语 t 在文档中出现的次数很少，那么它的权重就会很少；
- 如果所有文件中都有术语 t，它的权重将是最低的；
- 如果没有文档中出现术语 t，则为 0

7.7 信息检索系统的评估

为了以标准的方式对信息检索系统进行评价，需要一个测试集合，该集合应该包含以下内容：
- 文档集
- 测试查询集获取所需信息
- 相关或不相关的二元评估

文档集分为相关文档和非相关文档两类。测试文档集合应该有一个合理的大小，这样测试就可以有合理的范围来找到平均性能。输出的相关性总是相对于所需的信息进行评估，而不是基于查询。换句话说，在结果中有一个查询词并不意味着它是相关的。例如，如果搜索词或查询是针对"Python"的，结果可能显示 Python 编程语言或宠物蟒蛇，两个结果都包含查询项，但是它是否与用户相关是重要的因素。如果系统包含一个参数化的索引，那么可以对它进行调优以获得更好的性能，在这种情况下，需要一个单独的测试集合来测试参数。可能会出现分配的权重会因参数分配不同，也会因参数的改变而不同的情况。

有一些标准测试集可用于评估信息检索，其中一些如下所示：

- Cranfield 集有 1398 份来自空气动力学期刊的摘要和 225 条查询，以及所有相关性的详尽判断。
- 文本检索会议（TREC）自 1992 年以来一直维护一个大型的 IR 测试系列进行评估。它包含 189 万份文档和 450 个信息需求的相关性判断。
- GOV2 拥有 2 500 万个网页。
- NTCIR 侧重于东亚语言和跨语言测试集信息检索。（http://ntcir.nii.ac.jp/about/）
- REUTERS 由 806 791 个文档组成。
- 20Newsgroups 是另一个广泛用于分类的集合。

两个衡量检索系统有效性的指标是精确率和召回率，精确率是检索到的相关文档的分数，召回率是找到的相关文档的分数。

7.8　总结

在本章中，我们介绍了如何使用各种技术从非结构化数据中查找信息。我们讨论了布尔检索、字典和容错性检索，还讨论了通配符查询以及如何使用它。文中简要介绍了拼写校正，然后介绍了向量空间模型和 TF-IDF 加权，最后给出了信息检索的评价。

下一章，我们将介绍如何对文本和文档进行分类。

第 **8** 章

对文本和文档进行分类

在本章中，我们将演示如何使用各种自然语言处理（NLP）API 来执行文本分类。请勿将其与文本聚类混淆，聚类与文本识别有关，而无需使用预定义类别；相反，分类使用预定义的类别。在本章中，我们将重点讨论文本分类，其中将标签分配给文本以指定其类型。

执行文本分类的一般方法是从模型的训练开始的，对模型进行了验证，并将其用于文档分类，我们将着重于这个过程的培训和使用阶段。

文档可以根据任意数量的属性进行分类，比如主题、文档类型、发布时间、作者、使用的语言和阅读水平。一些分类方法需要对样本数据进行人工标记。

情感分析是一种分类，它是关于确定文本试图传达给读者什么，通常以积极或消极的态度的形式展现，我们将研究几种可用于执行此类分析的技术。我们将在本章讨论以下主题：

- 如何使用分类
- 理解情感分析
- 文本分类技术
- 使用 API 对文本进行分类

8.1 如何使用分类

文本分类用于多种目的：垃圾邮件检测、著作权归属、情感分析、年龄和性别识别、确定文档的主题、语言识别等。

垃圾邮件对于大多数电子邮件用户来说是一个不幸的现实，如果电子邮件可以归类为垃圾邮件，那么它可以移动到垃圾邮件文件夹。可以分析文本消息，并使用某些属性将电子邮件指定为垃圾邮件。这些属性可能包括拼写错误、收件人没有合适的电子邮件地址和非标准 URL。

分类已被用来确定文档的作者。这已经在历史文档中进行过，比如 *The Federalist Papers* 和 *Primary Colors*，作者是通过分类技术确定的。情感分析是一种识别一篇文章态度的技术，电影评论一直是这类分析的一个流行领域，除此之外它几乎可以用于任何产品评论，这有助于公司更好地评估他们的产品是如何被感知的。通常，文本被赋予一个否定或肯定的属性。

情感分析又称意见提取 / 挖掘和主观分析。消费者信心和股票市场的表现可以从推特信息和其他来源预测。分类可以用来确定文本作者的年龄和性别，并提供对作者的更多信息。通常，代词、限定词和名词短语的数量被用来确定作者的性别。女性倾向于使用更多的代词，男性倾向于使用更多的限定词。

当我们需要整理大量的文档时，确定文本片段的主题是很有用的。虽然搜索引擎也可以处理类似问题，但是它只是简单地使用标签云等方法，将文档放到不同的类别中。标签云是一组反映每个单词出现的相对频率的单词。

图 8-1 是由 IBM Word Cloud Generator（IBM 词云生成器，http://www.softpedia.com/get/Office-tools/Other-Office-Tools/IBM-Word-Cloud-Generator.shtml 生成的标签云的一个示例），你可以在 http://upload.wikimedia.org/wikipedia/commons/9/9e/Foundation-l_word_cloud_without_headers_and_quotes.png 找到。

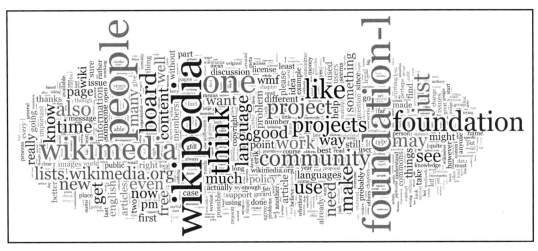

图　8-1

分类技术支持文档语言的识别，这种分析对于许多 NLP 问题是有用的，在这些问题中我们需要应用特定的语言模型。

8.2　理解情感分析

在情感分析中，我们关心的是谁对一个特定的产品或主题有什么样的感觉。例如，情感分析可以告诉我们，一个特定城市的市民对一个运动队的表现有积极或消极的感觉。他们对团队表现的看法可能与团队管理的看法不同。

情感分析可以自动确定产品的某些方面或属性的情感，然后以某种有意义的方式显示结果。

Kelly Blue Book（http://www.kbb.com/toyota/Camry/2014-toyota-Camry/r=47165965251686106060）中对 2014 款凯美瑞的回顾，如图 8-2 所示。

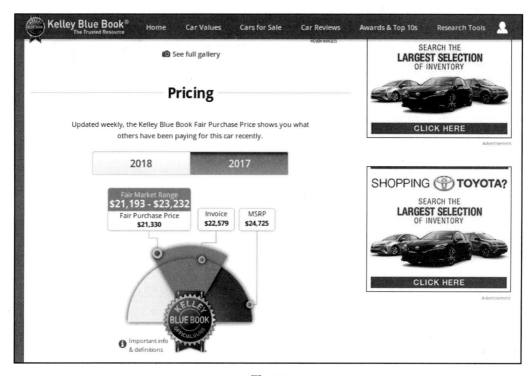

图　8-2

如果向下滚动，你可以找到有关模型的专家评论，如图 8-3 所示。

例如总体评级和价值，这些属性都是通过条形图和数值来展现的，这些数值的计算可以使用情感分析自动执行。

情感分析可以应用于一个句子、一个从句或整个文档。情感分析可以是积极的，也可以是消极的，或者它可以是一个使用数值的评级，例如 1 到 10，甚至也可以是更复杂的态度类型。

使这一过程更加复杂的是，在一个句子或文档内，可以针对不同的主题表达不同的观点。

我们怎么知道哪些词有哪些情感呢？这个问题可以用情感词典来回答。在这种情况下，情感词典是包含不同词语感情的词典。General Inquirer（http://www.wjh.harvard.edu/~ Inquirer/）就是这样一个词典，它包含了 1 915 个被认为是积极的词，它还包含一个表示其他属性的单词列表，比如疼痛、快乐、力量和动机等。还有其他可用的词汇，如 MPQA 主观性线索词典（MPQA Subjectivity Cues Lexicon，http://mpqa.cs.pitt.edu/ ）。

有时，建立一个词典可能是可取的。这通常是通过半监督学习来完成的，其中使用一些带标签的示例或规则来引导词典构建过程。当所使用的词典域与我们正在处理的问题域不匹配时，这是非常有用的。

我们不仅对获得积极或消极的情感感兴趣，我们还对确定情感的属性感兴趣，有时也称为情感对象。考虑一下下面的例子：

"The ride was very rough，but the attendants did an excellent job of making us comfortable."

这句话包含两种情感：roughness（艰辛）和 comfortable（舒适）。第一个是消极情感，第二个是积极情感。积极情感的对象或属性是 job（服务），消极情感的对象是 ride（旅程）。

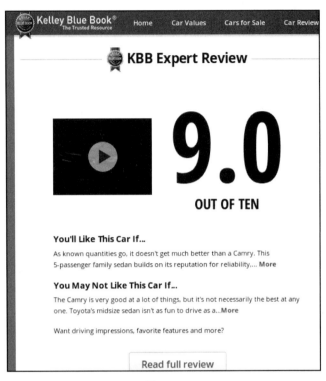

图　8-3

8.3　文本分类技术

分类涉及获取一个特定的文档，并确定它是否适合其他几个文档组中的一个。有两种基本的文本分类技术：

- 基于规则的分类
- 有监督的机器学习

基于规则的分类使用单词和其他属性的组合，这些属性是根据专家精心设计的规则组织起来的。这些方法非常有效，但是创建它们是一个非常耗时的过程。

有监督的机器学习（Supervised machine learning，SML）采用一组带注释的训练文档来创建模型。该模型通常称为分类器。有许多不同的机器学习技术，包括朴素贝叶斯、支持向量机（Support Vector Machine，SVM）和 k 近邻算法等。我们并不关心这些方法是如何工作的，但是感兴趣的读者将会找到无数的资源，这些资源扩展了这些和其他技术。

8.4　使用 API 对文本进行分类

我们将使用 OpenNLP、Stanford API 和 LingPipe 来演示各种分类方法。我们将花更多时间介绍 LingPipe，因为它提供了几种不同的分类方法。

8.4.1　使用 OpenNLP

DocumentCategorizer 接口指定可用于支持分类过程的方法，该接口由 Document-CategorizerME 类实现。此类将使用最大熵框架将文本分类为预定义的类别。在本节中，我们将执行以下操作：

- 演示如何训练模型
- 说明如何使用模型

8.4.1.1　训练 OpenNLP 分类模型

首先，我们必须训练我们的模型，因为 OpenNLP 没有预先构建的模型。这个过程包括创建一个训练数据文件，然后使用 DocumentCategorizerME 模型来执行实际的训练。所创建的模型通常保存在一个文件中供以后使用。

训练文件格式由一系列行组成，其中每一行表示一个文档。每一行的第一个单词是类别，类别后面是由空格分隔的文本。下面是"狗"（dog）类的一个例子：

```
dog The most interesting feature of a dog is its ...
```

为了演示训练过程，我们创建了 en-animals.train 文件，其中包含两个类别："猫"（cat）类和"狗"（dog）类。对于训练文本，我们使用了维基百科的部分内容。对于"狗"类（http://en.wikipedia.org/wiki/Dog），我们使用了"宠物狗"（As Pets）的部分；对于"猫"类（http://en.wikipedia.org/wiki/Cats_and_humans），我们使用了"宠物"（Pet）部分和"家养品种"（Domesticated varieties）部分的第一段。我们还从这些部分中删除了数字引用。每行的第一部分如下代码所示：

```
dog The most widespread form of interspecies bonding occurs ...
dog There have been two major trends in the changing status of  ...
dog There are a vast range of commodity forms available to  ...
dog An Australian Cattle Dog in reindeer antlers sits on Santa's lap ...
dog A pet dog taking part in Christmas traditions ...
dog The majority of contemporary people with dogs describe their  ...
dog Another study of dogs' roles in families showed many dogs have  ...
dog According to statistics published by the American Pet Products  ...
dog The latest study using Magnetic resonance imaging (MRI) ...
cat Cats are common pets in Europe and North America, and their  ...
cat Although cat ownership has commonly been associated  ...
cat The concept of a cat breed appeared in Britain during ...
```

```
cat Cats come in a variety of colors and patterns. These are physical  ...
cat A natural behavior in cats is to hook their front claws periodically
...
cat Although scratching can serve cats to keep their claws from growing
...
```

在创建训练数据时，使用足够大的样本量是很重要的。我们使用的数据不足以进行某些分析，但是，正如我们将看到的，它在正确识别类别方面做得非常好。

DoccatModel 类支持文本的归类和分类。使用基于带注释文本的 train 方法训练模型，train 方法使用表示语言的字符串和保存训练数据的 ObjectStream<DocumentSample> 实例。DocumentSample 实例保存带注释的文本及其类别。

在下面的例子中，en-animals.train 文件用于训练模型，它的输入流用于创建 PlainTextByLineStream 实例，然后将其转换为 ObjectStream<DocumentSample> 实例，然后应用 train 方法。代码被封装到 try-with-resources 块中，用于处理异常。我们还创建了一个输出流用来保存该模型：

```java
DoccatModel model = null;
try (InputStream dataIn =
            new FileInputStream("en-animal.train");
        OutputStream dataOut =
            new FileOutputStream("en-animal.model");) {
    ObjectStream<String> lineStream
        = new PlainTextByLineStream(dataIn, "UTF-8");
    ObjectStream<DocumentSample> sampleStream =
        new DocumentSampleStream(lineStream);
    model = DocumentCategorizerME.train("en", sampleStream);
    ...
} catch (IOException e) {
// Handle exceptions
}
```

输出如下，为简洁起见已将其缩短：

```
Indexing events using cutoff of 5
  Computing event counts...  done. 12 events
  Indexing...  done.
Sorting and merging events... done. Reduced 12 events to 12.
Done indexing.
Incorporating indexed data for training...
done.
  Number of Event Tokens: 12
      Number of Outcomes: 2
    Number of Predicates: 30
...done.
Computing model parameters ...
Performing 100 iterations.
  1:  ... loglikelihood=-8.317766166719343  0.75
  2:  ... loglikelihood=-7.1439957443937265  0.75
  3:  ... loglikelihood=-6.560690872956419  0.75
```

```
  4:  ... loglikelihood=-6.106743124066829  0.75
  5:  ... loglikelihood=-5.721805583104927  0.8333333333333334
  6:  ... loglikelihood=-5.3891508904777785 0.8333333333333334
  7:  ... loglikelihood=-5.098768040466029  0.8333333333333334
...
 98:  ... loglikelihood=-1.4117372921765519 1.0
 99:  ... loglikelihood=-1.4052738190352423 1.0
100:  ... loglikelihood=-1.398916120150312  1.0
```

使用 serialize 方法保存模型，代码如下所示。如先前在 try-with-resources 块中打开的那样，将模型保存到 en-animal.model 文件中：

```
OutputStream modelOut = null;
modelOut = new BufferedOutputStream(dataOut);
model.serialize(modelOut);
```

8.4.1.2 使用 DocumentCategorizerME 对文本进行分类

创建模型后，我们可以使用 DocumentCategorizerME 类对文本进行分类。我们需要读取模型，创建 DocumentCategorizerME 类的实例，然后调用 categorize 方法返回一个概率数组，该数组将告诉我们文本最适合哪个类别。

由于我们是从文件中读取，因此需要处理异常，如下所示：

```
try (InputStream modelIn =
        new FileInputStream(new File("en-animal.model"));) {
    ...
} catch (IOException ex) {
    // Handle exceptions
}
```

使用 InputStream，我们创建 DoccatModel 的实例和 DocumentCategorizerME 类，如下所示：

```
DoccatModel model = new DoccatModel(modelIn);
DocumentCategorizerME categorizer =
    new DocumentCategorizerME(model);
```

使用字符串作为参数调用 categorize 方法，这将返回一组双精度浮点数，每个数值表示文本属于某个类别的可能性。DocumentCategorizerME 类的 getNumberOfCategories 方法返回模型处理的类别数。DocumentCategorizerME 类的 getCategory 方法返回给定类别的索引。

我们在下面的代码中使用了这些方法来显示每个类别及其相应的可能性：

```
double[] outcomes = categorizer.categorize(inputText);
for (int i = 0; i<categorizer.getNumberOfCategories(); i++) {
    String category = categorizer.getCategory(i);
    System.out.println(category + " - " + outcomes[i]);
}
```

为了进行测试，我们使用了 *The Wizard of Oz*（http://en.Wikipedia.org/wiki/Toto-28Oz%29）中 Dorothy 的狗——Toto 的维基百科文章的一部分。我们使用了 *The classic books* 的第一句话，

如下所述：

```
String toto = "Toto belongs to Dorothy Gale, the heroine of "
        + "the first and many subsequent books. In the first "
        + "book, he never spoke, although other animals, native "
        + "to Oz, did. In subsequent books, other animals "
        + "gained the ability to speak upon reaching Oz or "
        + "similar lands, but Toto remained speechless.";
```

为了测试一只猫，我们使用了维基百科文章（https://en.Wikipedia.org/wiki/Tortoiseshell_ucat）中 *Tortoiseshell and Calico* 部分的第一句话，如下所述：

```
String calico = "This cat is also known as a calimanco cat or "
        + "clouded tiger cat, and by the abbreviation 'tortie'. "
        + "In the cat fancy, a tortoiseshell cat is patched "
        + "over with red (or its dilute form, cream) and black "
        + "(or its dilute blue) mottled throughout the coat.";
```

使用 toto 的文本，我们得到以下输出。这表明，文本应归入"狗"类：

```
dog - 0.5870711529777994
cat - 0.41292884702220056
```

使用 calico 的文本会产生以下结果：

```
dog - 0.28960436044424276
cat - 0.7103956395557574
```

我们可以使用 getBestCategory 方法只返回最好的类别，此方法使用结果数组并返回一个字符串。getAllResults 方法将以字符串的形式返回所有结果。这两种方法如下所示：

```
System.out.println(categorizer.getBestCategory(outcomes));
System.out.println(categorizer.getAllResults(outcomes));
```

输出将如下所示：

```
cat
dog[0.2896]  cat[0.7104]
```

8.4.2　使用 Stanford API

Stanford API 支持多个分类器。我们将研究 ColumnDataClassifier 类用于一般分类，以及 StanfordCoreNLP 管道用于情感分析。Stanford API 支持的分类器有时很难使用。通过 ColumnDataClassifier 类，我们将演示如何对盒子的大小进行分类。通过管道，我们将说明如何确定短文本短语的正面或负面情感。分类器可以从以下位置下载：http://www-nlp.stanford.edu/wiki/Software/Classifier。

8.4.2.1　使用 ColumnDataClassifier 类进行分类

这个分类器使用具有多个值的数据来描述数据。在这个演示中，我们将使用一个训练文件来创建一个分类器，然后我们将使用一个测试文件来评估分类器的性能。

ColumnDataClassifier 类使用属性文件来配置创建过程。

我们将创建一个分类器，它尝试根据一个盒子的尺寸对其进行分类。有三种可能的类别：small（小）、medium（中）、和 large（大）。盒子的高度、宽度和长度维度将表示为浮点数，它们被用来描述一个盒子。

属性文件指定参数信息，并提供关于训练和测试文件的数据。文件中可以指定许多可能的属性。对于本例，我们将只使用几个更相关的属性。

我们将使用以下属性文件，保存为 box.prop。第一组属性处理训练和测试文件中包含的特征的数量。因为我们使用了三个值，所以指定了三个 realValued 列。trainFile 和 testFile 属性指定了各自文件的位置和名称：

```
useClassFeature=true
1.realValued=true
2.realValued=true
3.realValued=true
trainFile=.box.train
testFile=.box.test
```

训练和测试文件使用相同的格式，每行由一个类别和定义值组成，每个值由一个制表符分隔。box.train 训练文件由 60 个条目，box.test 测试文件由 30 个条目组成。这些文件可以从 https://github.com/PacktPublishing/Natural-Language-Processing-with-JavaSecond-Edition/ 或从 GitHub 存储库下载。box.train 文件的第一行在下面的代码显示，这个类别是 small，高、宽、长分别为 2.34、1.60、1.50：

```
small  2.34  1.60  1.50
```

创建分类器的代码如下所示。ColumnDataClassifier 类的一个实例是使用属性文件作为构造函数的参数创建的。Classifier 接口的实例由 makeClassifier 方法返回的。这个接口支持三种方法，我们将演示其中的两种。readTrainingExamples 方法从训练文件中读取训练数据：

```
ColumnDataClassifier cdc =
    new ColumnDataClassifier("box.prop");
Classifier<String, String> classifier =
    cdc.makeClassifier(cdc.readTrainingExamples("box.train"));
```

当执行时，我们得到大量的输出。我们将在本节中讨论更相关的部分。输出的第一部分是属性文件的部分：

```
3.realValued = true
testFile = .box.test
...
trainFile = .box.train
```

下一部分显示了数据集的数量，以及与各种特征相关的信息，如下所示。

```
Reading dataset from box.train ... done [0.1s, 60 items].
numDatums: 60
numLabels: 3 [small, medium, large]
...
AVEIMPROVE      The average improvement / current value

EVALSCORE       The last available eval score
Iter ## evals ## <SCALING> [LINESEARCH] VALUE TIME |GNORM| {RELNORM}
AVEIMPROVE EVALSCORE
```

然后，分类器对数据进行迭代来完成创建过程：

```
Iter 1 evals 1 <D> [113M 3.107E-4] 5.985E1 0.00s |3.829E1| {1.959E-1}
0.000E0 -
Iter 2 evals 5 <D> [M 1.000E0] 5.949E1 0.01s |1.862E1| {9.525E-2}
3.058E-3 -
Iter 3 evals 6 <D> [M 1.000E0] 5.923E1 0.01s |1.741E1| {8.904E-2}
3.485E-3 -
...
Iter 21 evals 24 <D> [1M 2.850E-1] 3.306E1 0.02s |4.149E-1| {2.122E-3}
1.775E-4 -
Iter 22 evals 26 <D> [M 1.000E0] 3.306E1 0.02s
QNMinimizer terminated due to average improvement: | newest_val -
previous_val | / |newestVal| < TOL
Total time spent in optimization: 0.07s
```

此时，分类器就可以使用了。接下来，我们使用测试文件来验证分类器，我们首先使用 ObjectBank 类的 getLineIterator 方法从文本文件中获取一行，该类支持将已读取的数据转换为更标准化的形式。getLineIterator 方法以分类器可以使用的格式一次返回一行。这个过程的循环如下所示：

```
for (String line :
        ObjectBank.getLineIterator("box.test", "utf-8")) {
    ...
}
```

在 for-each 语句中，由该行创建一个 Datum 实例，然后使用它的 classOf 方法来返回预测的类别，如下面的代码所示。Datum 接口支持包含特征的对象，当其作为方法 classOf 的参数时，返回由分类器确定的类别：

```
Datum<String, String> datum = cdc.makeDatumFromLine(line);
System.out.println("Datum: {"
    + line + "]\tPredicted Category: "
    + classifier.classOf(datum));
```

在执行这个代码序列时，将处理测试文件的每一行并显示预测的类别，如下面的代码所示。这里只显示前两行和最后两行。分类器能够正确地对所有的测试数据进行分类。

```
Datum: {small   1.33   3.50   5.43]   Predicted Category: medium
Datum: {small   1.18   1.73   3.14]   Predicted Category: small
...
Datum: {large   6.01   9.35   16.64]   Predicted Category: large
Datum: {large   6.76   9.66   15.44]   Predicted Category: large
```

要测试单个条目，我们可以使用 makeDatumFromStrings 方法来创建一个 Datum 实例。在下面的代码序列中，创建了一维的字符串数组，其中每个元素表示一个盒子的数据值。第一个元素为空，指代的是类别。然后使用 Datum 实例作为 classOf 方法的参数来预测它的类别：

```
String sample[] = {"", "6.90", "9.8", "15.69"};
Datum<String, String> datum =
    cdc.makeDatumFromStrings(sample);
System.out.println("Category: " + classifier.classOf(datum));
```

这个代码序列的输出如下所示。它正确地分类了盒子：

```
Category: large
```

8.4.2.2　使用 Stanford pipeline 来进行情感分析

在本节中，我们将演示如何使用 Stanford API 进行情感分析，我们将使用 StanfordCoreNLP 管道对不同的文本进行分析。

我们将使用以下代码中定义的三种不同文本，其中 review 字符串是来自 Rotten Tomatoes （http://www.rottentomatoes.com/m/forrest_gump/）关于电影《阿甘正传》的电影评论：

```
String review = "An overly sentimental film with a somewhat "
    + "problematic message, but its sweetness and charm "
    + "are occasionally enough to approximate true depth "
    + "and grace. ";

String sam = "Sam was an odd sort of fellow. Not prone "
    + "to angry and not prone to merriment. Overall, "
    + "an odd fellow.";
String mary = "Mary thought that custard pie was the "
    + "best pie in the world. However, she loathed "
    + "chocolate pie.";
```

要执行此分析，我们需要使用一个情感注释器，如下面的代码所示。这还需要使用 tokenize、ssplit 和 parse 注释器。parse 注释器提供了关于文本的更多结构信息，这将在第 10 章详细讨论：

```
Properties props = new Properties();
props.put("annotators", "tokenize, ssplit, parse, sentiment");
StanfordCoreNLP pipeline = new StanfordCoreNLP(props);
```

使用文本创建一个 Annotation 实例，然后将该实例用作执行实际工作的 annotate 方法的参数，如下所示。

```
Annotation annotation = new Annotation(review);
pipeline.annotate(annotation);
```

下面的数组保存了不同的可能情感的字符串：

```
String[] sentimentText = {"Very Negative", "Negative",
    "Neutral", "Positive", "Very Positive"};
```

Annotation 类的 get 方法返回一个实现 CoreMap 接口的对象。在本例中，这些对象表示将输入文本拆分为句子的结果，如下面的代码所示。对于每个句子，都将获得一个 Tree 对象的实例，该实例表示包含情感文本解析的树结构。getPredictedClass 方法返回一个索引到 sentimentText 数组，反映测试的情感：

```
for (CoreMap sentence : annotation.get(
        CoreAnnotations.SentencesAnnotation.class)) {
    Tree tree = sentence.get(
        SentimentCoreAnnotations.AnnotatedTree.class);
    int score = RNNCoreAnnotations.getPredictedClass(tree);
    System.out.println(sentimentText[score]);
}
```

当代码使用 review 字符串执行时，我们得到以下输出：

```
Positive
```

sam 文本由三句话组成，每个句子的对应输出如下，表示每个句子的情感：

```
Neutral
Negative
Neutral
```

mary 文本由两句话组成。每句的对应输出如下：

```
Positive
Neutral
```

8.4.3　使用 LingPipe 对文本进行分类

在本节中，我们将使用 LingPipe 演示一些分类任务，包括使用经过训练的模型进行一般文本分类、情感分析和语言识别。我们将涵盖以下分类主题：

- 使用 Classified 类训练文本
- 使用其他训练类别训练模型
- 使用 LingPipe 对文本进行分类
- 使用 LingPipe 进行情感分析
- 识别使用的语言

本节中描述的几个任务将使用以下声明，LingPipe 附带了几个类别的训练数据，categories 数组包含由 LingPipe 打包的类别名称。

```
String[] categories = {"soc.religion.christian",
    "talk.religion.misc","alt.atheism","misc.forsale"};
```

DynamicLMClassifier 类用于执行实际的分类，它是使用 categories 数组创建的，并为它提供要使用的类别的名称，nGramSize 值指定模型中用于分类目的的连续项的数量：

```
int nGramSize = 6;
DynamicLMClassifier<NGramProcessLM> classifier =
    DynamicLMClassifier.createNGramProcess(
        categories, nGramSize);
```

8.4.3.1　使用 Classified 类训练文本

使用 LingPipe 的一般文本分类涉及使用训练文件训练 DynamicLMClassifier 类，然后使用该类执行实际的分类。LingPipe 附带了几个训练数据集，可以在名为 demos/data/fourNewsGroups/4news-train 的 LingPipe 目录中找到这些数据集。我们将使用这些数据集来说明训练过程。这个例子是该过程的一个简化版本，可以在 http://aliasi.com/lingpipe/demos/tutorial/classify/read-me.html 找到。

我们首先声明 trainingDirectory：

```
String directory = "../demos";
File trainingDirectory = new File(directory
    + "/data/fourNewsGroups/4news-train");
```

在 trainingDirectory 中，categories 数组中列出了四个子目录的名称。在每个子目录中，都有一系列带有数字名称的文件。这些文件包含处理子目录名称的 20Newsgroups（http://qwone.com/~jason/20Newsgroups/）数据。

该模型的训练过程包括使用 DynamicLMClassifier 类的 handle 方法来处理每个文件和类别，该方法将使用该文件为类别创建一个训练实例，然后使用该实例扩展模型，该流程使用嵌套的 for 循环。

外层 for 循环使用目录名创建 File 对象，然后对其应用 list 方法，list 方法返回目录中的文件列表。这些文件的名称存储在 trainingFiles 数组中，该数组将在内部的 for 循环中使用：

```
for (int i = 0; i < categories.length; ++i) {
    File classDir =
        new File(trainingDirectory, categories[i]);
    String[] trainingFiles = classDir.list();
    // Inner for-loop
}
```

如下面的代码所示，内层 for 循环将打开每个文件并从文件中读取文本。Classification 类表示具有指定类别的分类，它与文本一起用于创建 Classified 实例。DynamicLMClassifier 类的 handle 方法使用新的信息更新模型。

```
for (int j = 0; j < trainingFiles.length; ++j) {
    try {
        File file = new File(classDir, trainingFiles[j]);
        String text = Files.readFromFile(file, "ISO-8859-1");
        Classification classification =
            new Classification(categories[i]);
        Classified<CharSequence> classified =
            new Classified<>(text, classification);
        classifier.handle(classified);
    } catch (IOException ex) {
        // Handle exceptions
    }
}
```

 你也可以在 java.io.File 中使用 com.aliasi.util.Files 类，否则，readFromFile 方法将不可用。

可以对分类器进行序列化，以供以后使用，如下面的代码所示。AbstractExternalizable 类是一个实用程序类，它支持对象的序列化。它有一个静态的 compileTo 方法，该方法接受一个 Compilable 实例和一个 File 对象，它将对象写入文件，如下所示：

```
try {
    AbstractExternalizable.compileTo( (Compilable) classifier,
        new File("classifier.model"));
} catch (IOException ex) {
    // Handle exceptions
}
```

分类器的加载将在本章 8.4.3.3 节中进行说明。

8.4.3.2 使用其他训练类别

其他"新闻组"数据可以在 http://qwone.com/~jason/20Newsgroups/ 找到。这些数据集合可以用来训练其他模型，如表 8-1 所示。虽然只有 20 个类别，但它们可以成为有用的训练模型。提供了三种不同的下载，其中有些是已排序的，有些是已删除重复数据的。

表 8-1

新闻组	新闻组
comp.graphics	sci.crypt
comp.os.ms-windows.misc	sci.electronics
comp.sys.ibm.pc.hardware	sci.med
comp.sys.mac.hardware	sci.space
comp.windows.x	misc.forsale
rec.autos	talk.politics.misc
rec.motoXrcycles	talk.politics.guns
rec.sport.baseball	talk.politics.mideast

（续）

新闻组	新闻组
rec.sport.hockey	talk.religion.misc
alt.atheism	

8.4.3.3 使用 LingPipe 对文本进行分类

为了对文本进行分类，我们将使用 DynamicLMClassifier 类的 classify 方法。我们将用两个不同的文本序列来演示它的用法。

- forSale：这是从 http://www.homes.com/for-sale/ 上获得的，这里我们使用第一个完整的句子

- martinLuther：来自 http://en.wikipedia.org/wiki/Martin_Luther，我们使用第二段的第一句

这些字符串声明如下：

```
String forSale =
    "Finding a home for sale has never been "
    + "easier. With Homes.com, you can search new "
    + "homes, foreclosures, multi-family homes, "
    + "as well as condos and townhouses for sale. "
    + "You can even search our real estate agent "
    + "directory to work with a professional "
    + "Realtor and find your perfect home.";
String martinLuther =
    "Luther taught that salvation and subsequently "
    + "eternity in heaven is not earned by good deeds "
    + "but is received only as a free gift of God's "
    + "grace through faith in Jesus Christ as redeemer "
    + "from sin and subsequently eternity in Hell.";
```

为使用前一节中序列化的分类器，这里使用 AbstractExternalizable 类的 readObject 方法，如下面的代码所示。我们将使用 LMClassifier 类代替 DynamicLMClassifier 类，它们都支持 classify 方法，但是 DynamicLMClassifier 类是不容易序列化的：

```
LMClassifier classifier = null;
try {
    classifier = (LMClassifier)
        AbstractExternalizable.readObject(
            new File("classifier.model"));
} catch (IOException | ClassNotFoundException ex) {
    // Handle exceptions
}
```

在下面的代码序列中，我们将应用 LMClassifier 类的 classify 方法，这将返回一个 JointClassification 实例，我们使用它来确定最佳匹配。

```
JointClassification classification =
    classifier.classify(text);
System.out.println("Text: " + text);
String bestCategory = classification.bestCategory();
System.out.println("Best Category: " + bestCategory);
```

对于 forSale 文本，我们得到以下输出：

```
Text: Finding a home for sale has never been easier. With Homes.com,
you can search new homes, foreclosures, multi-family homes, as well as
condos and townhouses for sale. You can even search our real estate agent
directory to work with a professional Realtor and find your perfect home.
    Best Category: misc.forsale
```

对于 martinLuther 文本，我们得到以下输出：

```
Text: Luther taught that salvation and subsequently eternity in heaven
is not earned by good deeds but is received only as a free gift of God's
grace through faith in Jesus Christ as redeemer from sin and subsequently
eternity in Hell.

    Best Category: soc.religion.christian
```

他们都正确分类了文本。

8.4.3.4 使用 LingPipe 进行情感分析

情感分析的方式与普通文本分类的方式非常相似。一个不同之处在于，情感分析只使用了两种类别："正面"和"负面"。

我们需要使用数据文件来训练我们的模型。我们将使用为电影开发的情感数据使用由 http://alias-i.com/lingpipe/demos/tutorial/sentiment/read-me.html 提供的情感分析的简化版本，其使用的情感数据是为电影建立的（http://www.cs.cornell.edu/people/pabo/movie-reviewdata/review_polarity.tar.gz）。这些数据来自 IMDb 电影档案中 1000 条正面和 1000 条负面电影评论。

这些评论需要下载和提取，将提取 txt_sentoken 目录及其两个子目录：neg 和 pos。这两个子目录都包含电影评论。虽然可以保留其中一些文件来评估所创建的模型，但是为了简化解释我们将使用所有这些文件。

我们将从重新初始化在 8.4.3 节中声明的变量开始。categories 数组被设置为一个包含两个类别的双元素数组。使用新的类别数组和一个数值为 8 的 nGramSize，给 classifier 变量分配一个新的 DynamicLMClassifier 实例：

```
categories = new String[2];
categories[0] = "neg";
categories[1] = "pos";
nGramSize = 8;
classifier = DynamicLMClassifier.createNGramProcess(
    categories, nGramSize);
```

如前所述，我们将基于训练文件中的内容创建一系列实例。我们将不详细解释以下代码，因为它与 8.4.3.1 节中的代码非常相似。主要的区别是只有两个类需要处理：

```
String directory = "...";
File trainingDirectory = new File(directory, "txt_sentoken");
for (int i = 0; i < categories.length; ++i) {
    Classification classification =
        new Classification(categories[i]);
    File file = new File(trainingDirectory, categories[i]);
    File[] trainingFiles = file.listFiles();
    for (int j = 0; j < trainingFiles.length; ++j) {
        try {
            String review = Files.readFromFile(
                trainingFiles[j], "ISO-8859-1");
            Classified<CharSequence> classified =
                new Classified<>(review, classification);
            classifier.handle(classified);
        } catch (IOException ex) {
            ex.printStackTrace();

        }
    }
}
```

这个模型现在可以使用了，我们将用电影《阿甘正传》的评论：

```
String review = "An overly sentimental film with a somewhat "
    + "problematic message, but its sweetness and charm "
    + "are occasionally enough to approximate true depth "
    + "and grace. ";
```

我们使用 classify 方法来执行实际的工作。它返回一个 Classification 实例，其 bestCategory 方法返回最佳类别，如下所示：

```
Classification classification = classifier.classify(review);
String bestCategory = classification.bestCategory();
System.out.println("Best Category: " + bestCategory);
```

执行后，我们得到以下输出：

```
Best Category: pos
```

这种方法也适用于其他类型的文本。

8.4.3.5　使用 LingPipe 进行语言识别

LingPipe 带有一个名为 langid-leipzig.classifier 的模型，该模型经过多种语言训练，可以在目录 demos/models 中找到它。表 8-2 包含支持的语言列表。该模型是使用 Leipzig 语料库（http://corpora.uni-leipzig.de/）收集的训练数据开发的。可以在 http://code.google.com/p/language-detection/ 找到另外一个好用的工具。

表　8-2

语言	缩写	语言	缩写
Catalan	cat	Italian	it
Danish	dk	Japanese	jp
English	en	Korean	kr
Estonian	ee	Norwegian	no
Finnish	fi	Sorbian	sorb
French	fr	Swedish	se
German	de	Turkish	tr

为使用此模型，我们使用与 8.4.3.3 节中基本相同的代码。我们从相同的《阿甘正传》电影评论开始：

```
String text = "An overly sentimental film with a somewhat "
    + "problematic message, but its sweetness and charm "
    + "are occasionally enough to approximate true depth "
    + "and grace. ";
System.out.println("Text: " + text);
```

使用 langid-leipzig.classifier 文件创建 LMClassifier 实例：

```
LMClassifier classifier = null;
try {
    classifier = (LMClassifier)
        AbstractExternalizable.readObject(
            new File(".../langid-leipzig.classifier"));
} catch (IOException | ClassNotFoundException ex) {
    // Handle exceptions
}
```

使用 classify 方法，然后使用 bestCategory 方法，以获得最合适的语言，如下所示：

```
Classification classification = classifier.classify(text);
String bestCategory = classification.bestCategory();
System.out.println("Best Language: " + bestCategory);
```

输出如下，识别出英语作为语言：

```
    Text: An overly sentimental film with a somewhat problematic message,
but its sweetness and charm are occasionally enough to approximate true
depth and grace.
    Best Language: en
```

下面的代码示例使用瑞典语维基百科（http://sv.wikipedia.org/wiki/Svenska）词条的第一句话作为文本：

```
text = "Svenska är ett östnordiskt språk som talas av cirka "
    + "tio miljoner personer[1], främst i Finland "
    + "och Sverige.";
```

如下所示，输出正确地识别出了瑞典语。

```
    Text: Svenska är ett östnordiskt språk som talas av cirka tio miljoner
personer[1], främst i Finland och Sverige.
    Best Language: se
```

可以使用之前用于 LingPipe 模型相同的方法进行训练。执行语言识别时的另一个考虑因素是文本可能用多种语言编写，这会使语言检测过程复杂化。

8.5 总结

在本章中，我们讨论了围绕文本分类的问题，并研究了执行此过程的几种方法。文本分类对于许多活动都很有用，比如检测垃圾邮件、确定文档的作者是谁、执行性别识别和执行语言识别。

我们还演示了如何进行情感分析。这种分析涉及确定一段文本在本质上是积极的还是消极的。也可以使用这个过程来评估其他情感属性。

我们使用的大多数方法要求我们首先创建一个基于训练数据的模型。通常，这个模型需要使用一组测试数据进行验证。一旦创建了模型，就很容易使用了。

下一章，我们将介绍主题建模的基础，以及如何使用 MALLET 进行主题建模。

CHAPTER 9

第 **9** 章

主 题 建 模

在本章中，我们将使用包含一些文本的文档来学习主题建模的基础。这里的想法是使用某些可用的方法从文本中获取主题。这个过程属于文本挖掘的范畴，在文本的搜索、聚类和组织方面起着重要的作用。如今，许多站点都使用它做推荐功能，例如新闻站点根据读者当前正在阅读的文章主题来推荐文章。本章介绍主题建模的基础，包括潜在狄利克雷分配（Latent Dirichlet Allocation，LDA）的基本概念。它还将向你展示如何使用 MALLET 包进行主题建模。

我们将在本章介绍以下主题：

- 什么是主题建模
- LDA 的基础
- 使用 MALLET 进行主题建模

9.1 什么是主题建模

用非常简单的术语来说，主题建模是计算机程序尝试从文本中提取主题的一种技术。文本通常是非结构化数据，比如博客、电子邮件、文章、书中的一章或类似的内容。这是一种文本挖掘方法，但不应与基于规则的文本挖掘相混淆。在机器学习场景中，主题建模属于无监督学习的范畴，机器或计算机程序通过观察最后的文本集合中的一堆单词来寻找主题。当给出"IT industry"（IT 行业）主题时，一个好的模型应包含单词"program""programmer""IT""computer""software"和"hardware"。主题建模有助于理解大文本，并且在搜索引擎的操作中起着至关重要的作用。

主题建模可以与组织、分类、理解和总结大量文本信息集合的方法一起使用。我们能够使用主题发现集合和标注中的隐藏模式。并且它能从文档集合中找到最能代表该集合的单词组。

主题建模有很多不同的方法，但是最受欢迎的是 LDA。9.2 节将介绍 LDA 的基础知识。

9.2　LDA 的基础

在不同的主题建模方法中，LDA 是最流行的方法。它是文本数据挖掘和机器学习的一种形式，其中执行回溯以找出文档主题。由于它生成概率模型，因此也涉及概率的使用。

LDA 将文档表示为各种主题的混合体，这些主题将基于概率给出一个主题。

任何给定的文档都有或多或少的机会将某个单词作为其主题。例如，给定有关体育的文档，单词"cricket"出现的概率高于单词"Android One Phone"的概率。如果文档涉及移动技术，则单词" Android One Phone"的概率将高于单词"cricket"。采用抽样的方法，用狄利克雷分布以半随机的方式，从一个文档中选取一些词作为主题。这些随机选择的主题可能不适合作为文档的潜在主题，因此对于每个文档，都需要遍历单词并计算单词从文档中出现的概率。假设 p（$topic|document$）是文档 d 中一个单词分配给主题 t 的概率，而 p（$word | topic$）是所有文档中该主题 t 来自单词 w 的概率。这有助于找到构成主题的每个单词的比例。它查找每个单词在整个主题中的相关性，以及该主题在整个文档中的相关性。现在，使用 p（$topic'|document$）*p（$word|topic'$）将单词 w 重新分配到一个新主题（我们称之为 $topic'$）。重复这个过程，直到主题分配完成为止。

为此，LDA 使用文档术语矩阵，并将其转换为文档主题矩阵和主题术语矩阵。LDA 使用采样技术以改进这些矩阵。假设有 N 个文档分别标记为 $d1$，$d2$，$d3$，$\cdots$，dn。有 M 个项，分别是 $t1$，$t2$，$t3$，$\cdots$，tm，因此，文档术语矩阵表示文档中的术语数，如表 9-1 所示。

表　9-1

	$t1$	$t2$	$t3$	tm
$d1$	0	3	1	2
$d2$	0	5	4	1
$d3$	1	0	3	2
dn	0	1	1	2

设 k 为我们希望 LDA 建议的主题数量。将文档术语矩阵分为文档主题矩阵（如表 9-2 所示）和主题术语矩阵（如表 9-3 所示）。

表　9-2

	$topic-1$	$topic-2$	$topic-k$
$d1$	1	0	1
$d2$	1	1	0
$d3$	1	0	1
dn	1	0	1

表 9-3

	t1	*t2*	*t3*	*tm*
topic-1	0	1	1	0
topic-2	1	1	0	0
topic-k	1	0	1	0

要了解 LDA 是如何工作的，请访问 https://lettier.com/projects/lda-topic-modeling/。这是一个很好的 web 页面，你可以在其中添加文档、确定主题的数量、调整 Alpha 和 Beta 参数来获得主题。

9.3 使用 MALLET 进行主题建模

MALLET 是一个著名的主题建模库。它还支持文档分类和序列标注。更多关于 MALLET 的信息可以在 http://mallet.cs.umass.edu/index.php 找到。要下载 MALLET，请访问 http://mallet.cs.umass.edu/download.php（最新版本为 2.0.8）。下载之后，在目录中解压缩 MALLET。在 MALLET 目录的 sample-data/web/en 路径中，它包含 .txt 格式的示例数据。

第一步是将文件导入 MALLET 的内部格式。为此，打开命令提示符或终端，移动到 mallet 目录，并执行以下命令：

```
mallet-2.0.6$ bin/mallet import-dir --input sample-data/web/en --output
tutorial.mallet --keep-sequence --remove-stopwords
```

此命令将生成 tutorial.mallet 文件。

9.3.1 训练

下一步是使用 train-topics 建立主题模型，并使用 train-topics 命令保存输出状态（output-state）、主题键（topic-key）和主题（topic）：

```
mallet-2.0.6$ bin/mallet train-topics --input tutorial.mallet --num-topics
20 --output-state topic-state.gz --output-topic-keys tutorial_keys.txt --
output-doc-topics tutorial_compostion.txt
```

这将训练 20 个主题，并为材料库中的每个单词及其所属的主题创建一个 ZIP 文件。所有的主题键都将存储在 tutorial_key.txt 中。文件的主题命题将存储在 tutorial_composition.txt 中。

9.3.2 评价

tutorial_key.txt 是一个简单的文本文件，其内容将类似于图 9-1。

```
0	2.5	australian century general rulers greek run don wadia organs marsupials intensive island commonly largest sa moral william plate brothel
1	2.5	battle union army day confederates tennessee men maj launched beauregard april pittsburg evening buell continental called centuries block hopes
2	2.5	death year father online bbc biggest heroine common sentenced reformers moll procuress forest caused commercialism concentrate committee publisher caulfield
3	2.5	including gunnhild life norway parks king generally husband saga figure orkney erik dogs miocene highest founding peers discord industrialization
4	2.5	rings dust number uranus moons narrow uranian relative system particles dark found march discovered psychology criminal wales make lost
5	2.5	time grant gen northern line position fighting reported numerous addition shiloh league boyfriend alvida lead living factors times industry
6	2.5	years yard wilderness needham park career ring states movement effects treatment fashionable house notorious establish led princeton graduated group
7	2.5	test cricket hill filmfare acted involved ended innings batsman critical performer kabhi romance fiction mammals wolves officially contributory encouraged
8	2.5	record england naa marsupial thylacinus independent ness running reproductive evolution tigers member dog genuine greeting bawd masterpieces writer sterling
9	2.5	standards performances daily east civil whig punjab markets portrayal veer consecutive se preity external sightings resulted publicize stephen worked
10	2.5	average equipartition system london opera forced stars classical heat motion original debut thick human severe exclusive portraits hackabout educate
11	2.5	sullivan gilbert thespis died society theatre stage cinema degree protective convergent hemisphere habitat bounties cynocephalus pronounced stand eventually recorded
```

图 9-1

它包含了所有我们要求的 20 个主题。可以通过三个方面查看文件中的行。第一个是使用从 0 开始的数字表示主题号。第二个数字是狄利克雷参数，默认值为 2.5，第三个是查看显示可能主题的段落。

tutorial_compostion.txt 文件包含每个主题和每个原始文本文件的百分比分布。可以在 Excel 或 LibreOffice 中打开 tutorial_composition .txt 文件，以便更容易地理解它。它显示文件名、主题以及主题所占比例，如图 9-2 所示。

	A	B	C	D	E	F	G	H	I	J
1	#doc	source	topic	proportion	...					
2	0	sample-data/web/en/hawes.txt	19	0.43809524178505	17	0.12380952388048	1	0.09523809701204	7	0.05714285746217
3	1	sample-data/web/en/uranus.txt	4	0.5420560836792	6	0.06542056053877	15	0.04672897234559	5	0.04672897234559
4	2	sample-data/web/en/equipartition_theorem.t	10	0.36458334326744	12	0.30208334326744	17	0.05208333209157	9	0.05208333209157
5	3	sample-data/web/en/sunderland_echo.txt	16	0.33333334326744	18	0.125	14	0.09375	9	0.0625
6	4	sample-data/web/en/thespis.txt	11	0.24210526049137	17	0.08421052992344	15	0.07368420809507	0	0.07368420809507
7	5	sample-data/web/en/gunnhild.txt	3	0.39759036898613	14	0.12048193067312	17	0.08433734625578	18	0.07228915393353
8	6	sample-data/web/en/shiloh.txt	1	0.37931033968926	5	0.24827586114407	9	0.05517241358757	17	0.04827586188912
9	7	sample-data/web/en/hill.txt	7	0.31313130259514	8	0.10101009905338	2	0.10101009905338	0	0.09090909361839
10	8	sample-data/web/en/yard.txt	6	0.21621622145176	14	0.14414414763451	3	0.117117114365101	12	0.07207207381725
11	9	sample-data/web/en/elizabeth_needham.txt	11	0.16666667163372	6	0.12962962687016	10	0.111111111938953	0	0.09259258955717
12	10	sample-data/web/en/thylacine.txt	13	0.40769231319428	8	0.0846153870225	0	0.0846153870225	17	0.07692307978868
13	11	sample-data/web/en/zinta.txt	15	0.39568346738815	18	0.12230215966702	14	0.05755395814776	9	0.05755395814776
14										

图 9-2

第一个文件是 hawes.txt，主题 19 的比例为 0.438%。

让我们使用自定义数据尝试一下。在 mallet 目录中创建一个 mydata 文件夹，其中包含四个名称为 1.txt、2.txt、3.txt 和 4.txt 的文件。文件内容如表 9-4 所示。

表 9-4

文件名	内容
1.txt	I love eating bananas.
2.txt	I have a dog. He also loves to eat bananas.
3.txt	Banana is a fruit, rich in nutrients.
4.txt	Eating bananas in the morning is a healthy habit.

让我们训练和评估模型。执行以下两个命令:

```
mallet-2.0.6$ bin/mallet import-dir --input mydata/ --output
mytutorial.mallet --keep-sequence --remove-stopwords

mallet-2.0.6$ bin/mallet train-topics  --input mytutorial.mallet --num-
topics 2 --output-state mytopic-state.gz --output-topic-keys
mytutorial_keys.txt --output-doc-topics mytutorial_compostion.txt
```

如前所述,它将创建三个文件,我们现在将对其进行详细介绍。第一个文件是 mytopic-state.gz。解压缩并打开文件。显示所有使用的单词以及在哪个主题中使用了它们,如图 9-3 所示。

```
 1 #doc source pos typeindex type topic
 2 #alpha : 25.0 25.0
 3 #beta : 0.01
 4 0 mydata/3.txt 0 0 banana 0
 5 0 mydata/3.txt 1 1 fruit 1
 6 0 mydata/3.txt 2 2 rich 1
 7 0 mydata/3.txt 3 3 nutrients 0
 8 1 mydata/2.txt 0 4 dog 1
 9 1 mydata/2.txt 1 5 love 0
10 1 mydata/2.txt 2 6 eat 0
11 1 mydata/2.txt 3 7 bananas 0
12 2 mydata/1.txt 0 5 love 0
13 2 mydata/1.txt 1 8 eating 1
14 2 mydata/1.txt 2 7 bananas 1
15 3 mydata/4.txt 0 8 eating 1
16 3 mydata/4.txt 1 7 bananas 0
17 3 mydata/4.txt 2 9 morning 1
18 3 mydata/4.txt 3 10 healthy 0
19 3 mydata/4.txt 4 11 habit 0
```

图 9-3

下一个文件是 mytutorial_key.txt,当打开该文件时将显示主题词。正如我们要求的两个主题一样,它将有两行,如图 9-4 所示。

```
1 0    25    bananas love habit healthy eat nutrients banana
2 1    25    eating morning bananas dog rich fruit
```

图 9-4

最后一个文件是 mytutorial_composition.txt，我们将在 Excel 或 LibreOffice 中打开它。它将显示文档、主题和比例，如图 9-5 所示。

	A	B	C	D	E	F
1	#doc	source	topic	proportion	...	
2	0	mydata/3.txt	0	0.75	1	0.25
3	1	mydata/2.txt	0	0.75	1	0.25
4	2	mydata/1.txt	1	0.666666686534882	0	0.333333343267441
5	3	mydata/4.txt	1	0.600000023841858	0	0.400000005960465
6						

图 9-5

可以看出，对于 3.txt 文件，其中包含 "Banana is a fruit, rich in nutrients."，主题 0 比主题 1 的占比更大。从第一个文件中，我们可以看到主题 0 包含主题 banana、nutrients、love 和 healthy。

9.4 总结

在本章中，我们学习了为什么我们应该进行主题建模，以及在数据不断增长的世界中，主题建模是多么重要。我们还研究了 LDA 的概念，及其在决定如何从给定语料库中选择主题方面的使用。另外我们还研究了如何使用 MALLET 工具对样本数据进行主题建模，并创建我们自己的自定义数据。我们还了解了生成的不同文件，以及如何解释它们。

下一章，我们将看到如何使用解析器提取关系。

第 **10** 章

使用解析器提取关系

解析是为文本单元创建解析树的过程。这个单元可以是一行代码或一个句子。对于计算机语言来说，这很容易做到，因为它们的设计目的就是让这项任务变得简单。然而，这使得编写代码变得更加困难。而自然语言的解析要困难得多，这是由于自然语言中存在歧义。这种歧义性使语言难以学习，但提供了极大的灵活性和表达能力。在这里，我们对解析计算机语言不感兴趣，而是对解析自然语言感兴趣。

解析树是一种层次化的数据结构，它表达句子的句法结构。通常，这是以带有根的树图的形式表示的，稍后我们将对此进行说明。我们将使用解析树来帮助识别树中实体之间的关系。

解析可用于许多任务，包括以下内容：

- 语言的机器翻译
- 从文本中合成语音
- 语音识别
- 语法检查
- 信息提取

共指消解（Coreference Resolution）是指文本中两个或多个表达式指向同一个人或事物的情况。以这个句子为例：

"Ted went to the party where he made an utter fool of himself."

"Ted" "he" 和 "himself" 指的是同一个实体 "Ted"。这对于确定文本的正确解释和确定文本部分的相对重要性很重要。我们将演示 Stanford API 如何解决此问题。

一项重要的自然语言处理任务是从文本中提取关系和信息。实体之间（例如句子的主语和它的宾语、其他实体，或者它的行为之间）存在各种关系。我们可能还想确定关系并以结构化的形式呈现它们。我们可以使用这些信息来显示结果，以供人们立即使用，或者格式化关系，以便更好地将它们用于后续任务。

在本章中，我们将研究解析过程，并了解如何使用解析树。我们将研究关系提取过程、关系类型、使用提取的关系，并学习如何使用 NLP API。

本章将涵盖以下主题：

- 关系类型
- 理解解析树
- 使用提取的关系
- 提取关系
- 使用 NLP API
- 为问答系统提取关系

10.1　关系类型

有许多可能的关系类型，在表 10-1 中可以找到一些关系的类别和示例。可以参考一个包含大量关系的有趣站点 Freebase（https://www.freebase.com/），它是按照人物、地点和事物分门别类的数据库。WordNet 词典（http://wordnet.princeton.edu/）包含许多关系也可以参考。

表　10-1

关系	示例
个人的	father-of、sister-of、girlfriend-of
组织的	subsidiary-of、subcommittee-of
空间的	near-to、northeast-of、under
物质的	part-of、composed-of
相互作用	bonds-with、associates-with、reacts-with

命名实体识别（NER）是一种低级的 NLP 分类，在第 4 章中介绍过。然而，许多应用程序需要超越这一步，识别不同类型的关系。例如，当应用 NER 来识别个人时，知道我们正在与一个人打交道就可以进一步完善现有的关系。

一旦确定了这些实体，就可以创建指向其包含的文档的链接或将其用作索引。对于问答应用程序，命名实体通常用于回答问题。当一个文本的情感被确定时，它需要归属于某个实体。

例如，考虑以下输入：

```
He was the last person to see Fred.
```

使用第 4 章介绍的 OpenNLP NER 作为这句话的输入，我们得到以下输出。

```
Span: [7..9) person
Entity: Fred
```

使用 OpenNLP 解析器，我们可以得到关于这个句子的更多信息：

```
    (TOP (S (NP (PRP He)) (VP (VBD was) (NP (NP (DT the) (JJ last) (NN
person)) (SBAR (S (VP (TO to) (VP (VB see)))))))) (. Fred.)))
```

考虑以下输入：

```
The cow jumped over the moon.
```

对于这个句子，解析器返回以下内容：

```
    (TOP (S (NP (DT The) (NN cow)) (VP (VBD jumped) (PP (IN over) (NP (DT
the) (NN moon))))))
```

有两种类型的解析。

- 依赖型：关注于单词之间的关系
- 短语结构型：处理短语及其递归结构

依赖型可以使用诸如主题、限定词和介词之类的标签来查找关系。解析技术包括移位 -缩减（shift-reduce）、生成树（sponning tree）和级联分块（cascaded chunking）。我们在这里并不担心这些差异，而是将重点放在各种解析器的用法和结果上。

10.2 理解解析树

解析树表示文本元素之间的层次关系。例如，一个依赖关系树显示了句子的语法元素之间的关系。让我们重新考虑以下句子：

```
The cow jumped over the moon.
```

这个句子的解析树如下，它使用的技术将在本章后面的 10.5.2.1 节中找到：

```
(ROOT
  (S
    (NP (DT The) (NN cow))
    (VP (VBD jumped)
      (PP (IN over)
        (NP (DT the) (NN moon))))
    (. .)))
```

可以用图形方式描绘此句子，如下图所示。它是使用 http://nlpviz.bpodgursky.com/ 中的应用程序生成的。允许你以图形方式检查文本的另一个编辑器是 GrammarScope（http://grammarscope.sourceforge.net/）。这是一个斯坦福大学支持的工具，使用一个基于 Swing 的 GUI 来生成解析树、语法结构、依赖关系和文本的语义图，如图 10-1 所示。

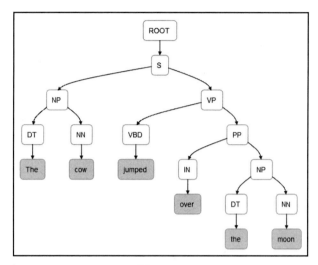

图　10-1

但是，解析一个句子的方法可能不止一种。解析很困难，因为要处理可能存在许多歧义的大量文本。以下输出说明了前一个例句的其他可能的依赖关系树。该树是使用 OpenNLP 生成的，这将在 10.5.1 节中进行演示：

```
(TOP (S (NP (DT The) (NN cow)) (VP (VBD jumped) (PP (IN over) (NP (DT
the) (NN moon))))))
(TOP (S (NP (DT The) (NN cow)) (VP (VP (VBD jumped) (PRT (RP over)))
(NP (DT the) (NN moon)))))
(TOP (S (NP (DT The) (NNS cow)) (VP (VBD jumped) (PP (IN over) (NP (DT
the) (NN moon))))))
```

每一个都代表了对同一个句子的稍微不同的解析。最有可能的解析首先显示。

10.3 使用提取的关系

提取的关系可以用于多种目的，包括：

- 建立知识库
- 创建目录
- 产品搜索
- 专利分析
- 股票分析
- 情报分析

维基百科的信息框给出了如何显示关系的示例，如图 10-2 所示。当进入 Oklahoma 词条时，可以在这个信息框中看到列出的各种关系类型，如官方语言、行政中心和关于其地区的详细信息。

图　10-2

有许多使用维基百科构建的数据库可以提取关系和信息，如下所示。

- 资源描述框架（Resource Description Framework，RDF）：它使用三元组，如 Yosemite-location-California，其中 location 表示其关系，这可以在 http://www. w3.org/RDF/ 找到。
- DBpedia：它包含超过 10 亿个三元组，是基于维基百科创建的知识库的一个例子。这可以在 https://wiki.dbpedia.org/about 找到。

另一个简单有趣的例子是，在谷歌搜索"水星"（planet mercury）时显示的信息框。如图 10-3 所示，我们不仅获得了查询链接的列表，还可以在页面的右侧看到水星的关系信息和图像列表。

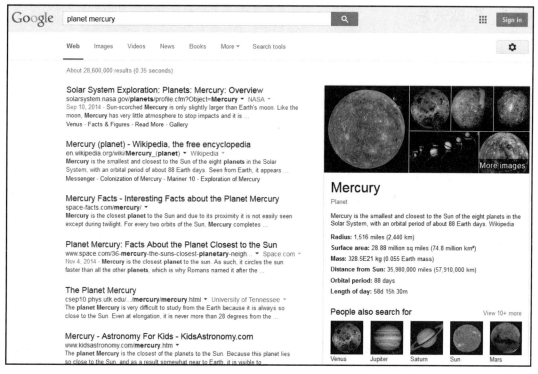

图　10-3

信息提取还用于创建 Web 索引。这些索引是为站点开发的，以允许用户浏览站点。图 10-4 是美国人口普查局（http://www.census.gov/main/www/a2z）Web 索引的一个例子。

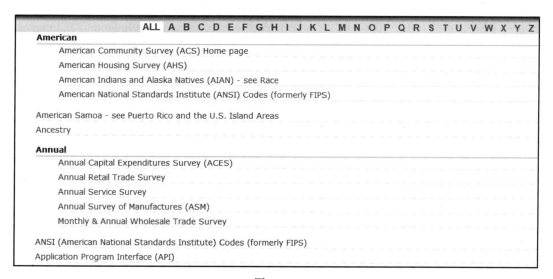

图　10-4

10.4 提取关系

有许多可用的技术来提取关系。可分为以下几类：

- 手工模式
- 监督方法
- 半监督或无监督方法
- 引导（Bootstrapping）方法
- 远程监督方法
- 无监督的方法

当我们没有训练数据时，就会使用手工构建的模型，这可能发生在新的业务领域或全新类型的项目中。这些通常需要使用规则。规则可能是"如果使用单词'actor'或'actress'而不使用单词'movie'或'commercial'，则该文本应归类为'play'（戏剧）"。

但是，此方法需要花费大量精力，并且需要针对实际的文本进行调整。

如果只有少量训练数据是可取的，那么朴素贝叶斯分类器是一个不错的选择。如果有更多数据可用，则可以使用诸如支持向量机（SVM）、正则逻辑回归和随机森林之类的技术。

尽管更详细地了解这些技术很有用，但由于我们将重点放在这些技术的使用上，在此就不介绍它们。

10.5 使用 NLP API

我们将使用 OpenNLP 和 Stanford API 来演示关系信息的解析和提取。LingPipe 可用于解析生物医学文献，但这里不讨论它，详情请参见 http://alias-i.com/lingpipe-3.9.3/demos/tutorial/medline/read-me.html。

10.5.1 使用 OpenNLP

使用 ParserTool 类解析文本很简单。它的静态 parseLine 方法接受三个参数并返回一个 Parser 实例。这些参数如下：

- 包含要解析的文本的字符串
- 一个 Parser 实例
- 指定返回解析内容数量的一个整数

Parser 实例包含解析的元素，按其概率排序返回。为了创建一个 Parser 实例，我们将使用 ParserFactory 类的 create 方法。该方法使用一个 ParserModel 实例，我们将使用 en-parser-chunking.bin 文件创建该实例。

代码如下所示，其中使用 try-with-resources 块创建模型文件的输入流，创建 ParserModel

实例，然后创建一个 Parser 实例：

```
String fileLocation = getModelDir() +
    "/en-parser-chunking.bin";
try (InputStream modelInputStream =
            new FileInputStream(fileLocation);) {
    ParserModel model = new ParserModel(modelInputStream);
    Parser parser = ParserFactory.create(model);
    ...
} catch (IOException ex) {
    // Handle exceptions
}
```

我们将使用一个简单的句子来演示解析过程。在以下代码序列中，调用 parseLine 方法，将其第三个参数的值设为 3，表示将返回前三个解析：

```
String sentence = "The cow jumped over the moon";
Parse parses[] = ParserTool.parseLine(sentence, parser, 3);
```

接下来，显示这些解析及其概率，如下所示：

```
for(Parse parse : parses) {
    parse.show();
    System.out.println("Probability: " + parse.getProb());
}
```

输出如下：

```
    (TOP (S (NP (DT The) (NN cow)) (VP (VBD jumped) (PP (IN over) (NP (DT
the) (NN moon))))))
    Probability: -1.043506016751117
    (TOP (S (NP (DT The) (NN cow)) (VP (VP (VBD jumped) (PRT (RP over)))
(NP (DT the) (NN moon)))))
    Probability: -4.248553665013661
    (TOP (S (NP (DT The) (NNS cow)) (VP (VBD jumped) (PP (IN over) (NP (DT
the) (NN moon))))))
    Probability: -4.761071294573854
```

注意，每次解析都会产生稍微不同的标签顺序和赋值。下面的输出显示了第一个解析格式，使其更容易阅读：

```
(TOP
    (S
        (NP
            (DT The)
            (NN cow)
        )
        (VP
            (VBD jumped)
            (PP
                (IN over)
                (NP
                    (DT the)
```

```
                          (NN moon)
                    )
              )
        )
    )
)
```

showCodeTree 方法可以用来显示父子关系：

```
parse.showCodeTree();
```

第一次解析的输出如下。每行的第一部分显示了括在方括号中的元素级别。接下来显示该标签，然后是两个用 "->" 分隔的散列值。第一个数字用于元素，第二个数字用于其父元素。例如，在第三行，它显示了专有名词 "The"，其父元素为名词短语 "The cow"：

```
[0] S -929208263 -> -929208263 TOP The cow jumped over the moon
[0.0] NP -929237012 -> -929208263 S The cow
[0.0.0] DT -929242488 -> -929237012 NP The
[0.0.0.0] TK -929242488 -> -929242488 DT The
[0.0.1] NN -929034400 -> -929237012 NP cow
[0.0.1.0] TK -929034400 -> -929034400 NN cow
[0.1] VP -928803039 -> -929208263 S jumped over the moon
[0.1.0] VBD -928822205 -> -928803039 VP jumped
[0.1.0.0] TK -928822205 -> -928822205 VBD jumped
[0.1.1] PP -928448468 -> -928803039 VP over the moon
[0.1.1.0] IN -928460789 -> -928448468 PP over
[0.1.1.0.0] TK -928460789 -> -928460789 IN over
[0.1.1.1] NP -928195203 -> -928448468 PP the moon
[0.1.1.1.0] DT -928202048 -> -928195203 NP the
[0.1.1.1.0.0] TK -928202048 -> -928202048 DT the
[0.1.1.1.1] NN -927992591 -> -928195203 NP moon
[0.1.1.1.1.0] TK -927992591 -> -927992591 NN moon
```

访问解析元素的另一种方法是使用 getChildren 方法。此方法返回 Parse 对象的数组，每个数组表示解析的一个元素。使用各种 Parse 方法，我们可以获得每个元素的文本、标注和标签。如下所示：

```
Parse children[] = parse.getChildren();
for (Parse parseElement : children) {
    System.out.println(parseElement.getText());
    System.out.println(parseElement.getType());
    Parse tags[] = parseElement.getTagNodes();
    System.out.println("Tags");
    for (Parse tag : tags) {
        System.out.println("[" + tag + "]"
            + " type: " + tag.getType()
            + "  Probability: " + tag.getProb()
            + "  Label: " + tag.getLabel());
    }
}
```

该序列的输出如下：

```
The cow jumped over the moon
S
Tags
[The] type: DT  Probability: 0.9380626549164167  Label: null
[cow] type: NN  Probability: 0.9574993337971017  Label: null
[jumped] type: VBD  Probability: 0.9652983971550483  Label: S-VP
[over] type: IN  Probability: 0.7990638213315913  Label: S-PP
[the] type: DT  Probability: 0.9848023215770413  Label: null
[moon] type: NN  Probability: 0.9942338356992393  Label: null
```

10.5.2　使用 Stanford API

Stanford NLP API 中提供了几种解析方法。首先，我们将演示通用解析器，即 LexicalizedParser 类。然后，我们将说明如何使用 TreePrint 类显示解析器的结果。接下来将演示如何使用 GrammaticalStructure 类确定单词依赖关系。

10.5.2.1　使用 LexicalizedParser 类

LexicalizedParser 类是一个词汇化的 PCFG 解析器，它可以使用各种模型来执行解析过程。apply 方法与 CoreLabel 对象的 List 实例一起使用以创建解析树。

在下面的代码序列中，使用 englishPCFG.ser.gz 模型实例化解析器：

```
String parserModel = ".../models/lexparser/englishPCFG.ser.gz";
LexicalizedParser lexicalizedParser =
    LexicalizedParser.loadModel(parserModel);
```

使用 Sentence 类的 toCoreLabelList 方法创建 CoreLabel 对象的 List 实例。CoreLabel 对象包含一个单词和其他信息。这些单词没有标注或标签。数组中的单词已被有效分词：

```
String[] senetenceArray = {"The", "cow", "jumped", "over",
    "the", "moon", "."};
List<CoreLabel> words =
    Sentence.toCoreLabelList(senetenceArray);
```

现在可以调用 apply 方法：

```
Tree parseTree = lexicalizedParser.apply(words);
```

一种显示解析结果的简单方法是使用 pennPrint 方法，该方法以与 Penn TreeBank 相同的方式显示 parse Tree（http://www.sfs.uni-tuebingen.de/~dm/07/autumn/795.10/ptb-annotation-guide/root.html）：

```
parseTree.pennPrint();
```

输出如下：

```
(ROOT
  (S
    (NP (DT The) (NN cow))
    (VP (VBD jumped)
```

```
        (PP (IN over)
          (NP (DT the) (NN moon))))
      (. .)))
```

Tree 类提供了许多处理解析树的方法。

10.5.2.2　使用 TreePrint 类

TreePrint 类提供了一种显示树的简单方法。使用描述用的显示格式的字符串创建类的实例，使用静态变量 outputTreeFormats 获取有效输出格式的数组，如表 10-2 所示。

表　10-2

	Tree 格式字符串	
penn	dependencies	collocations
oneline	typedDependencies	semanticGraph
rootSymbolOnly	typedDependenciesCollapsed	conllStyleDependencies
words	latexTree	conll2007
wordsAndTags	xmlTree	

斯坦福大学使用类型依赖关系来描述句子中存在的语法关系。这些在 *Stanford typed dependencies manual* 中有详细说明（http://nlp.stanford.edu/software/dependencies_manual.pdf）。

下面的代码示例演示了如何使用 TreePrint 类。printTree 方法执行实际的显示操作。在这种情况下，将创建 TreePrint 对象，显示“typedDependenciesCollapsed”：

```
TreePrint treePrint =
    new TreePrint("typedDependenciesCollapsed");
treePrint.printTree(parseTree);
```

该序列的输出如下，其中数字反映了其在句子中的位置：

```
det(cow-2, The-1)
nsubj(jumped-3, cow-2)
root(ROOT-0, jumped-3)
det(moon-6, the-5)
prep_over(jumped-3, moon-6)
```

使用 penn 字符串创建对象的结果如下：

```
    (ROOT (S (NP (DT The) (NN cow)) (VP (VBD jumped) (PP (IN over) (NP (DT
the) (NN moon)))) (. .)))
```

使用 dependencies 字符串会生成一个简单的依赖项列表：

```
dep(cow-2,The-1)
dep(jumped-3,cow-2)
dep(null-0,jumped-3,root)
dep(jumped-3,over-4)
dep(moon-6,the-5)
dep(over-4,moon-6)
```

可以使用逗号组合格式。下面的例子将导致 penn 类型和 typeddependenciescollapse 格式都被显示：

```
"penn,typedDependenciesCollapsed"
```

10.5.2.3　使用 GrammaticalStructure 类查找单词相关性

另一种解析文本的方法是使用我们在前一节中创建的 LexicalizedParser 对象和 TreebankLanguagePack 接口。Treebank（树图资料库）是一个注释了语法或语义信息的文本语料库，提供了关于句子结构的信息。第一个主要的 Treebank 是 Penn TreeBank（http://www.cis.upenn.edu/~treebank/），Treebank 可以手动创建，也可以半自动创建。

下面的示例演示了如何使用解析器对简单字符串进行格式化。TokenizerFactory 创建一个分词器。这里使用了在 10.5.2.1 节中讨论过的 CoreLabel 类：

```
String sentence = "The cow jumped over the moon.";
TokenizerFactory<CoreLabel> tokenizerFactory =
    PTBTokenizer.factory(new CoreLabelTokenFactory(), "");
Tokenizer<CoreLabel> tokenizer =
    tokenizerFactory.getTokenizer(new StringReader(sentence));
List<CoreLabel> wordList = tokenizer.tokenize();
parseTree = lexicalizedParser.apply(wordList);
```

TreebankLanguagePack 接口指定使用 Treebank 的方法。在下面的代码中，创建了一系列对象，并最终创建了一个 TypedDependency 实例，该实例用于获取关于句子元素的依赖信息。创建了 GrammaticalStructureFactory 对象的实例，并将其用于创建 GrammaticalStructure 类的实例。正如这个类的名字，它在树的元素之间存储语法信息：

```
TreebankLanguagePack tlp =
    lexicalizedParser.treebankLanguagePack;
GrammaticalStructureFactory gsf =
    tlp.grammaticalStructureFactory();
GrammaticalStructure gs =
    gsf.newGrammaticalStructure(parseTree);
List<TypedDependency> tdl = gs.typedDependenciesCCprocessed();
```

以下代码可以列出结果：

```
System.out.println(tdl);
```

输出如下：

```
    [det(cow-2, The-1), nsubj(jumped-3, cow-2), root(ROOT-0, jumped-3),
det(moon-6, the-5), prep_over(jumped-3, moon-6)]
```

还可以使用 gov、reln 和 dep 方法提取这些信息，它们分别返回核心词、关系和相关元素，如下所示。

```
for(TypedDependency dependency : tdl) {
    System.out.println("Governor Word: [" + dependency.gov()
        + "] Relation: [" + dependency.reln().getLongName()
        + "] Dependent Word: [" + dependency.dep() + "]");
}
```

输出如下：

```
Governor Word: [cow/NN] Relation: [determiner] Dependent Word: [The/DT]
Governor Word: [jumped/VBD] Relation: [nominal subject] Dependent Word:
[cow/NN]
Governor Word: [ROOT] Relation: [root] Dependent Word: [jumped/VBD]
Governor Word: [moon/NN] Relation: [determiner] Dependent Word:
[the/DT]
Governor Word: [jumped/VBD] Relation: [prep_collapsed] Dependent Word:
[moon/NN]
```

由此，我们可以了解句子中的关系以及元素间的关系。

10.5.3 查找共指消解实体

共指消解是指在文本中出现两个或两个以上的表达，它们指向同一个人或实体。考虑以下句子：

"He took his cash and she took her change and together they bought their lunch."

这句话有多个共同指称，"his" 这个词是指 "He"，"her" 这个词指的是 "she"。另外，"they" 指的是 "He" 和 "she"。

内指（endophora）是在其之前或之后的表达的共指。内指可以分为回指词（anaphor）和后指词（cataphor）。在下面的句子中，"It" 这个词是它的先行词 "the earthquake" 的回指词：

"Mary felt the earthquake. It shook the entire building."

在接下来的一句话中，"she" 是一个后指词，它指向后行体 "Mary"：

"As she sat there, Mary felt the earthquake."

Stanford API 支持使用 dcoref 标注的 StanfordCoreNLP 类解决共指消解。我们使用前面的句子演示这个类的用法。

我们将从管道的创建和 annotate 方法的使用开始，如下所示：

```
String sentence = "He took his cash and she took her change "
    + "and together they bought their lunch.";
Properties props = new Properties();
props.put("annotators",
    "tokenize, ssplit, pos, lemma, ner, parse, dcoref");
StanfordCoreNLP pipeline = new StanfordCoreNLP(props);
Annotation annotation = new Annotation(sentence);
pipeline.annotate(annotation);
```

Annotation 类的 get 方法与 CorefChainAnnotation.class 的参数一起使用时，将返回

CorefChain 对象的 Map 实例，如下所示。这些对象包含了在句子中找到的共指关系的信息：

```
Map<Integer, CorefChain> corefChainMap =
    annotation.get(CorefChainAnnotation.class);
```

CorefChain 对象集使用整数索引，我们可以遍历这些对象，如下面的代码所示，获取关键词集，然后显示每个 CorefChain 对象：

```
Set<Integer> set = corefChainMap.keySet();
Iterator<Integer> setIterator = set.iterator();
while(setIterator.hasNext()) {
    CorefChain corefChain =
        corefChainMap.get(setIterator.next());
    System.out.println("CorefChain: " + corefChain);
}
```

生成以下输出：

```
CorefChain: CHAIN1-["He" in sentence 1, "his" in sentence 1]
CorefChain: CHAIN2-["his cash" in sentence 1]
CorefChain: CHAIN4-["she" in sentence 1, "her" in sentence 1]
CorefChain: CHAIN5-["her change" in sentence 1]
CorefChain: CHAIN7-["they" in sentence 1, "their" in sentence 1]
CorefChain: CHAIN8-["their lunch" in sentence 1]
```

我们使用 CorefChain 和 CorefMention 类的方法获得更多详细信息。CorefMention 类包含在句子中找到的特定共指的信息。

将以下代码序列添加到前面代码的 while 循环的主体中，获取并显示此信息。该类的 startIndex 和 endIndex 两个成员变量表示单词在句子中的位置：

```
System.out.print("ClusterId: " + corefChain.getChainID());
CorefMention mention = corefChain.getRepresentativeMention();
System.out.println(" CorefMention: " + mention
    + " Span: [" + mention.mentionSpan + "]");

List<CorefMention> mentionList =
    corefChain.getMentionsInTextualOrder();
Iterator<CorefMention> mentionIterator =
    mentionList.iterator();
while(mentionIterator.hasNext()) {
    CorefMention cfm = mentionIterator.next();
    System.out.println("\tMention: " + cfm
        + " Span: [" + mention.mentionSpan + "]");
    System.out.print("\tMention Mention Type: "
        + cfm.mentionType + " Gender: " + cfm.gender);
    System.out.println(" Start: " + cfm.startIndex
        + " End: " + cfm.endIndex);
}
System.out.println();
```

输出如下，仅显示第一个和最后一个信息以节省空间。

```
CorefChain: CHAIN1-["He" in sentence 1, "his" in sentence 1]
ClusterId: 1 CorefMention: "He" in sentence 1 Span: [He]
  Mention: "He" in sentence 1 Span: [He]
  Mention Type: PRONOMINAL Gender: MALE Start: 1 End: 2
  Mention: "his" in sentence 1 Span: [He]
  Mention Type: PRONOMINAL Gender: MALE Start: 3 End: 4
...
CorefChain: CHAIN8-["their lunch" in sentence 1]
ClusterId: 8 CorefMention: "their lunch" in sentence 1 Span: [their
lunch]
    Mention: "their lunch" in sentence 1 Span: [their lunch]
    Mention Type: NOMINAL Gender: UNKNOWN Start: 14 End: 16
```

10.6　为问答系统提取关系

在本节中，我们将研究一种提取关系的方法，该方法对于回答查询很有用。查询可能包括以下内容：

- Who is/was the 32nd president of the United States?
- What is the first president's home town?
- When was Herbert Hoover president?

回答这类问题的过程并不容易。我们将演示一种方法来回答某些类型的问题，但是我们将简化这个过程的许多方面。即使有这些限制，我们也会发现系统对查询的响应很好。

此过程包括几个步骤：

1）查找单词依赖关系

2）确定问题类型

3）提取其相关成分

4）寻找答案

5）提出答案

我们将展示一个通用的框架，来识别一个问题类型（who/what/when/where）。接下来，我们将调查"who"类型问题所产生的问题。

为了使这个例子简单，我们将问题限于与美国总统有关的问题。使用一个简单的总统事实数据库（即相关数据库）来查找问题的答案。

10.6.1　查找单词依赖关系

将问题存储为简单字符串：

```
String question =
    "Who is the 32nd president of the United States?";
```

我们将使用 10.5.2.3 节中的 LexicalizedParser 类，为方便起见，下面复制了相关代码。

```
String parserModel = ".../englishPCFG.ser.gz";
LexicalizedParser lexicalizedParser =
    LexicalizedParser.loadModel(parserModel);

TokenizerFactory<CoreLabel> tokenizerFactory =
    PTBTokenizer.factory(new CoreLabelTokenFactory(), "");
Tokenizer<CoreLabel> tokenizer =
    tokenizerFactory.getTokenizer(new StringReader(question));
List<CoreLabel> wordList = tokenizer.tokenize();
Tree parseTree = lexicalizedParser.apply(wordList);

TreebankLanguagePack tlp =
    lexicalizedParser.treebankLanguagePack();
GrammaticalStructureFactory gsf =
    tlp.grammaticalStructureFactory();
GrammaticalStructure gs =
    gsf.newGrammaticalStructure(parseTree);
List<TypedDependency> tdl = gs.typedDependenciesCCprocessed();
System.out.println(tdl);
for (TypedDependency dependency : tdl) {
    System.out.println("Governor Word: [" + dependency.gov()
        + "] Relation: [" + dependency.reln().getLongName()
        + "] Dependent Word: [" + dependency.dep() + "]");
}
```

当执行问题时，我们得到以下输出：

```
[root(ROOT-0, Who-1), cop(Who-1, is-2), det(president-5, the-3),
amod(president-5, 32nd-4), nsubj(Who-1, president-5), det(States-9, the-7),
nn(States-9, United-8), prep_of(president-5, States-9)]
    Governor Word: [ROOT] Relation: [root] Dependent Word: [Who/WP]
    Governor Word: [Who/WP] Relation: [copula] Dependent Word: [is/VBZ]
    Governor Word: [president/NN] Relation: [determiner] Dependent Word:
[the/DT]
    Governor Word: [president/NN] Relation: [adjectival modifier] Dependent
Word: [32nd/JJ]
    Governor Word: [Who/WP] Relation: [nominal subject] Dependent Word:
[president/NN]
    Governor Word: [States/NNPS] Relation: [determiner] Dependent Word:
[the/DT]
    Governor Word: [States/NNPS] Relation: [nn modifier] Dependent Word:
[United/NNP]
    Governor Word: [president/NN] Relation: [prep_collapsed] Dependent
Word: [States/NNPS]
```

这些信息为确定问题的类型提供了基础。

10.6.2 确定问题类型

检测到的关系表明了检测不同类型问题的方法。例如，要确定它是否是一个"who"类型的问题，我们可以检查关系是否是一个名词主语（nominal subject），并且核心词是 who。

在下面的代码中，我们遍历问题类型依赖关系来确定它是否匹配这个组合，如果匹配，则调用 processWhoQuestion 方法来处理问题：

```
for (TypedDependency dependency : tdl) {
    if ("nominal subject".equals( dependency.reln().getLongName())
        && "who".equalsIgnoreCase( dependency.gov().originalText())) {
        processWhoQuestion(tdl);
    }
}
```

这种简单的区分相当有效。它将正确识别同一问题的以下所有变体：

```
Who is the 32nd president of the United States?
Who was the 32nd president of the United States?
The 32nd president of the United States was who?
The 32nd president is who of the United States?
```

我们还可以使用不同的选择标准来确定其他问题类型。下列问题是其他类型问题的典型代表：

```
What was the 3rd President's party?
When was the 12th president inaugurated?
Where is the 30th president's home town?
```

我们可以使用表 10-3 中建议的关系来确定问题类型。

表　10-3

问题类型	关系	核心词	依赖关系
What	Nominal subject（名词主语）	What	NA
When	Adverbial modifier（状语）	NA	When
Where	Adverbial modifier（状语）	NA	Where

这种方法确实需要硬编码关系。

10.6.3　寻找答案

一旦知道了问题的类型，就可以使用文本中找到的关系来回答问题。为了说明这个过程，我们将开发 processWhoQuestion 方法。该方法使用 TypedDependency 列表来收集回答关于总统的 "who" 类型问题所需的信息。具体来说，我们需要根据总统的任职顺序知道该问题对应的总统。

我们还需要一个总统列表来搜索相关信息。开发 createPresidentList 方法执行此任务。它读取 PresidentList 文件，其中包含总统的姓名、就职年份和卸任年份。该文件使用以下格式，可以从 https://github.com/PacktPublishing/Natural-Language-Processing-with-Java-Second-Edition 下载。

```
George Washington    (1789-1797)
```

下面的 createPresidentList 方法演示了如何使用 OpenNLP 的 SimpleTokenizer 类对每一行文本进行分词。总统的名字由数量不定的词项组成。一旦确定总统名字，日期就很容易提取：

```
public List<President> createPresidentList() {
    ArrayList<President> list = new ArrayList<>();
    String line = null;
    try (FileReader reader = new FileReader("PresidentList");
            BufferedReader br = new BufferedReader(reader)) {
        while ((line = br.readLine()) != null) {
            SimpleTokenizer simpleTokenizer =
                SimpleTokenizer.INSTANCE;
            String tokens[] = simpleTokenizer.tokenize(line);
            String name = "";
            String start = "";
            String end = "";
            int i = 0;
            while (!"(".equals(tokens[i])) {
                name += tokens[i] + " ";
                i++;
            }
            start = tokens[i + 1];
            end = tokens[i + 3];
            if (end.equalsIgnoreCase("present")) {
                end = start;
            }
            list.add(new President(name,
                Integer.parseInt(start),
                Integer.parseInt(end)));
        }
    } catch (IOException ex) {
        // Handle exceptions
    }
    return list;
}
```

President 类保存总统信息，如下所示，其中 getter 方法被省略了：

```
public class President {
    private String name;
    private int start;
    private int end;

    public President(String name, int start, int end) {
        this.name = name;
        this.start = start;
        this.end = end;
    }
    ...
}
```

随后是 processWhoQuestion 方法。我们再次使用类型依赖关系来提取问题的序号值。

如果核心词是 president，关系是形容词修饰语（adjectival modifier），那么从依赖词是序号。

该字符串被传递给 getOrder 方法，该方法以整数形式返回序号。我们将其结果上加 1，因为总统的列表也是从 1 开始：

```java
public void processWhoQuestion(List<TypedDependency> tdl) {
    List<President> list = createPresidentList();
    for (TypedDependency dependency : tdl) {
        if ("president".equalsIgnoreCase(
                dependency.gov().originalText())
                && "adjectival modifier".equals(
                  dependency.reln().getLongName())) {
            String positionText =
                dependency.dep().originalText();
            int position = getOrder(positionText)-1;
            System.out.println("The president is "
                + list.get(position).getName());
        }
    }
}
```

getOrder 方法如下，它仅采用第一个数字字符并将其转换为整数。一个更复杂的版本将查看其他变体，包括诸如"first"和"sixteenth"之类的单词：

```java
private static int getOrder(String position) {
    String tmp = "";
    int i = 0;
    while (Character.isDigit(position.charAt(i))) {
        tmp += position.charAt(i++);
    }
    return Integer.parseInt(tmp);
}
```

执行后，我们得到以下输出：

```
The president is Franklin D . Roosevelt
```

这个实现是一个简单的例子，说明如何从一个句子中提取信息并用于回答问题。其他类型的问题可以以类似的方式实现，留给读者作为练习。

10.7　总结

我们已经讨论了解析过程，以及如何将其用于从文本中提取关系。它可以用于多种目的，包括语法检查和文本的机器翻译。文本的关系有许多种，诸如父子关系、空间关系等。它们关注的是文本元素之间是如何相互关联的。

解析文本将返回文本中存在的关系。这些关系可以用来提取感兴趣的信息。我们展示了使用 OpenNLP 和 Stanford API 解析文本的多种技术。

我们还说明了如何使用 Stanford API 在文本中查找共指消解。当两个或多个表达（例如"he"或"they"）指的是同一个人时，就会发生这种情况。

我们通过一个示例来总结如何使用解析器从一个句子中提取关系。这些关系被用来提取信息，以回答关于美国总统的简单的"who"类型问题。

下一章，我们将研究如何使用本章和前几章中介绍的技术来解决更复杂的问题。

第 **11** 章

组 合 管 道

在本章中，我们讨论使用技术组合来解决 NLP 问题。我们将首先简要介绍数据准备过程。接下来是关于管道及其构建的讨论。管道只不过是为了解决某些问题而集成的一系列任务。管道的主要优点是能够插入和删除管道的各种元素，从而以稍微不同的方式解决问题。

Stanford API 支持良好的管道体系架构，我们在本书中已经多次使用过它。我们将详细介绍这种方法，然后说明如何使用 OpenNLP 构建管道。准备待处理的数据是解决许多 NLP 问题的重要的第一步。我们在第 1 章中介绍了数据准备过程，然后在第 2 章中讨论了规范化过程。在本章中，我们将重点介绍从不同的数据源（例如 HTML、Word 和 PDF 文档）抽取文本。Stanford 的 StanfordCoreNLP 类是易于使用的管道的一个很好的例子。从某种意义上说，它是预先构建好的，实际执行的任务取决于添加的标注。这对于许多类型的问题都适用。但是，其他 NLP API 不像 Stanford API 那样直接支持管道体系架构。这些方法虽然较难构建，但对于许多应用程序可能更灵活。我们将使用 OpenNLP 演示此构建过程。

我们将在本章中介绍以下主题：

- 准备数据
- 使用 Boilerpipe 从 HTML 中抽取文本
- 使用 POI 从 Word 文档中抽取文本
- 使用 PDFBox 从 PDF 文档中抽取文本
- 使用 Apache Tika 进行内容分析和抽取
- 管道
- 使用 Stanford 管道
- 在 Stanford 管道中使用多核处理器
- 创建用于搜索文本的管道

11.1　准备数据

文本抽取是你要执行的任何 NLP 任务的主要阶段。如果给定一个博客，我们希望抽取博客的内容，并希望找到该帖子的标题、作者、发布日期、文字或内容，类似帖子中媒体的图像、视频，以及指向其他帖子的链接（如果有）。文本抽取包括以下内容：

- 结构化以便识别不同的成员变量、内容块等
- 确定文档的语言
- 找出句子、段落、短语和引用
- 将文本分解为词项，以便进一步处理它
- 标准化和标注
- 词干化和词元化，以减少变化接近词根

它还有助于主题建模，我们在第 9 章中已经介绍过了。在这里，我们将快速介绍如何对 HTML、Word 和 PDF 文档执行文本提取。尽管有几种支持这些任务的 API，但我们主要使用以下内容：

- Boilerpipe（https://code.google.com/p/boilerpipe/）用于 HTML
- Apache POI（http://poi.apache.org/index.html）用于 Word
- Apache PDFBox（http://pdfbox.apache.org/）用于 PDF

一些 API 支持将 XML 用于输入和输出。例如，Stanford XMLUtils 类提供对读取 XML 文件和处理 XML 数据的支持。LingPipe 的 XMLParser 类将解析 XML 文本。实际工作中，人们以多种形式存储其数据，并且通常不将其存储在简单的文本文件中。演示文稿存储在 PowerPoint 幻灯片中，使用 Word 文档创建规范，公司以 PDF 文档提供营销和其他资料。大多数组织和机构都有互联网，这意味着在 HTML 文档中可以找到很多有用的信息。由于这些数据源的广泛性，我们需要使用工具提取其文本进行处理。

11.1.1　使用 Boilerpipe 从 HTML 抽取文本

有几个库可用于从 HTML 文档抽取文本。我们将演示如何使用 Boilerpipe（https://code.google.com/p/boilerpipe/）执行此操作。这是一个灵活的 API，不仅可以提取 HTML 文档的整个文本，还可以提取 HTML 文档的选定部分，如标题和单独的文本块。我们将使用 http://en.wikipedia.org/wiki/Berlin 的 HTML 页面来说明 Boilerpipe 的用法。本页的部分内容如图 11-1 所示。

图　11-1

　　为了使用 Boilerpipe，你需要下载 Xerces 解析器的二进制文件，可以在 http://xerces. apache.org/index.html 找到它。

　　我们首先创建一个表示该页面的 URL 对象。我们将使用两个类来抽取文本。第一个是表示 HTML 文档的 HTMLDocument 类。第二个是 TextDocument 类，它表示 HTML 文档中的文本。它由一个或多个 TextBlock 对象组成，可以根据需要单独访问。我们将为"Berlin"页面创建一个 HTMLDocument 实例。BoilerpipeSAXInput 类使用此输入源创建一个 TextDocument 实例。然后，它使用 TextDocument 类的 getText 方法检索文本。getText 方法使用两个参数。第一个参数指定是否包含标注为内容的 TextBlock 实例。第二个参数指定是否应包含非内容的 TextBlock 实例。在本例中，这两种类型的 TextBlock 实例都包含在内。工作代码如下：

```
try{
            URL url = new URL("https://en.wikipedia.org/wiki/Berlin");
            HTMLDocument htmldoc = HTMLFetcher.fetch(url);
            InputSource is = htmldoc.toInputSource();
            TextDocument document = new
```

```
BoilerpipeSAXInput(is).getTextDocument();
        System.out.println(document.getText(true, true));
    } catch (MalformedURLException ex) {
        System.out.println(ex);
    } catch (IOException ex) {
        System.out.println(ex);
    } catch (SAXException | BoilerpipeProcessingException ex) {
        System.out.println(ex);
    }
```

输出很长，但此处只显示了几行：

```
Berlin
From Wikipedia, the free encyclopedia
Jump to navigation Jump to search
This article is about the capital of Germany. For other uses, see Berlin
(disambiguation) .
State of Germany in Germany
Berlin
State of Germany
From top: Skyline including the TV Tower ,
City West skyline with Kaiser Wilhelm Memorial Church , Brandenburg Gate ,
East Side Gallery ( Berlin Wall ),
Oberbaum Bridge over the Spree ,
Reichstag building ( Bundestag )
.......
This page was last edited on 18 June 2018, at 11:18 (UTC).
Text is available under the Creative Commons Attribution-ShareAlike License
; additional terms may apply.  By using this site, you agree to the Terms
of Use and Privacy Policy . Wikipedia® is a registered trademark of the
Wikimedia Foundation, Inc. , a non-profit organization.
Privacy policy
About Wikipedia
Disclaimers
Contact Wikipedia
Developers
Cookie statement
Mobile view
```

11.1.2　使用 POI 从 Word 文档中抽取文本

Apache POI 项目（http://poi.apache.org/index.html）是一个用于从 Microsoft Office 产品中提取信息的 API。它是一个广泛的库，允许从 Word 文档和其他办公产品（如 Excel 和 Outlook）中提取信息。在为 Apache POI 下载 API 时，还需要使用支持 POI 的 XMLBeans（http://xmlbeans.apache.org/）。可以从 http://www.java2s.com/Code/Jar/x/Downloadxmlbeans524jar.htm 下载 XMLBeans 的二进制文件。我们的关注点在于演示如何使用 POI 从 Word 文档中抽取文本。

为了说明这一点，我们将使用一个名为 TestDocument.docx 的文件，其中包含一些文本、表格和其他内容，如图 11-2 所示（摘录了 Wikipedia 的英语主页）。

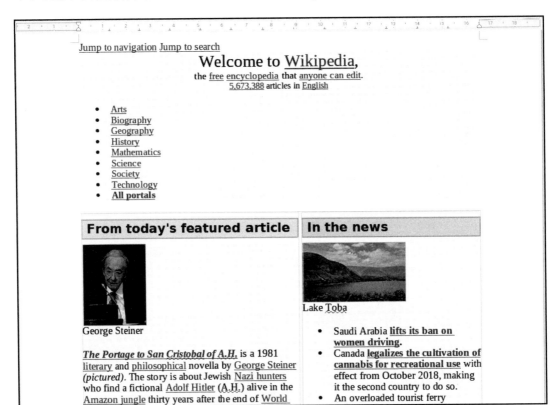

图　　11-2

不同版本的 Word 使用几种不同的文件格式。为了简化文本提取类的选择，我们将使用 ExtractorFactory 工厂类。由于 POI 的功能相当强大，抽取文本的过程很简单。如下所示，ExtractorFactory 类的 createExtractor 方法使用表示文件 TestDocument.docx 的 FileInputStream 对象来选择适当的 POITextExtractor 实例。这是几个不同提取器的基类。getText 方法被应用到提取器来获取文本。

```
private static String getResourcePath(){
        File currDir = new File(".");
        String path = currDir .getAbsolutePath();
        path = path.substring(0, path.length()-2);
        String resourcePath = path + File.separator  +
"src/chapter11/TestDocument.docx";
        return resourcePath;
    }
    public static void main(String args[]){
        try {
            FileInputStream fis = new FileInputStream(getResourcePath());
```

```
        POITextExtractor textExtractor =
ExtractorFactory.createExtractor(fis);
            System.out.println(textExtractor.getText());
        } catch (FileNotFoundException ex) {
Logger.getLogger(WordDocExtractor.class.getName()).log(Level.SEVERE, null,
ex);
        } catch (IOException ex) {
            System.out.println(ex);
        } catch (OpenXML4JException ex) {
            System.out.println(ex);
        } catch (XmlException ex) {
            System.out.println(ex);
        }
    }
}
```

输出结果如下：

```
Jump to navigation Jump to search
Welcome to Wikipedia,
the free encyclopedia that anyone can edit.
5,673,388 articles in English
Arts
Biography
Geography
History
Mathematics
Science
Society
Technology
All portals
From today's featured article George Steiner The Portage to San Cristobal
of A.H. is a 1981 literary and philosophical novella by George Steiner
(pictured). The story is about Jewish Nazi hunters who find a fictional
Adolf Hitler (A.H.) alive in the Amazon jungle thirty years after the end
of World War II. The book was controversial, particularly among reviewers
and Jewish scholars, because the author allows Hitler to defend himself
when he is put on trial in the jungle by his captors. There Hitler
maintains that Israel owes its existence to the Holocaust and that he is
the "benefactor of the Jews". A central theme of The Portage is the nature
of language, and revolves around Steiner's lifelong work on the subject and
his fascination in the power and terror of human speech. Other themes
include the philosophical and moral analysis of history, justice, guilt and
revenge. Despite the controversy, it was a 1983 finalist in the
PEN/Faulkner Award for Fiction. It was adapted for the theatre by British
playwright Christopher Hampton. (Full article...) Recently featured: Monroe
Edwards C. R. M. F. Cruttwell Russulaceae Archive By email More featured
articles Did you know... Maria Bengtsson ... that a reviewer found Maria
Bengtsson (pictured) believable and expressive when she first performed the
title role of Arabella by Strauss? ... that the 2018 Osaka earthquake
disrupted train services during the morning rush hour, forcing passengers
to walk between the tracks? ... that funding for Celia Brackenridge's
research into child protection in football was ended because the sport "was
```

not ready for a gay former lacrosse international rummaging through its dirty linen"? ... that the multi-armed Heliaster helianthus sheds several of its arms when attacked by the six-armed predatory starfish Meyenaster gelatinosus? ... that if elected, Democratic candidate Deb Haaland would be the first Native American woman to become a member of the United States House of Representatives? ... that 145 Vietnamese civilians were killed during the 1967 Thuy Bo massacre? ... that Velvl Greene, a University of Minnesota professor of public health, taught more than 30,000 students? ... that a group of Fijians placed a newspaper ad to recruit skiers for Fiji at the 2002 Olympic Games after discussing it at a New Year's Eve party? Archive Start a new article Nominate an article In the news Lake Toba Saudi Arabia lifts its ban on women driving. Canada legalizes the cultivation of cannabis for recreational use with effect from October 2018, making it the second country to do so. An overloaded tourist ferry capsizes in Lake Toba (pictured), Indonesia, killing at least 3 people and leaving 193 others missing. In golf, Brooks Koepka wins the U.S. Open at the Shinnecock Hills Golf Club. Ongoing: FIFA World Cup Recent deaths: Joe Jackson Richard Harrison Yan Jizhou John Mack Nominate an article On this day June 28: Vidovdan in Serbia Anna Pavlova as Giselle 1776 – American Revolutionary War: South Carolina militia repelled a British attack on Charleston. 1841 – Giselle (Anna Pavlova pictured in the title role), a ballet by French composer Adolphe Adam, was first performed at the Théâtre de l'Académie Royale de Musique in Paris. 1911 – The first meteorite to suggest signs of aqueous processes on Mars fell to Earth in Abu Hummus, Egypt. 1978 – In Regents of the Univ. of Cal. v. Bakke, the U.S. Supreme Court barred quota systems in college admissions but declared that affirmative action programs giving advantage to minorities are constitutional. 2016 – Gunmen attacked Istanbul's Atatürk Airport, killing 45 people and injuring more than 230 others. Primož Trubar (d. 1586) · Paul Broca (b. 1824) · Yvonne Sylvain (b. 1907) More anniversaries: June 27 June 28 June 29 Archive By email List of historical anniversaries

Today's featured picture

Henry VIII of England (1491–1547) was King of England from 1509 until his death. Henry was the second Tudor monarch, succeeding his father, Henry VII. Perhaps best known for his six marriages, his disagreement with the Pope on the question of annulment led Henry to initiate the English Reformation, separating the Church of England from papal authority and making the English monarch the Supreme Head of the Church of England. He also instituted radical changes to the English Constitution, expanded royal power, dissolved monasteries, and united England and Wales. In this, he spent lavishly and frequently quelled unrest using charges of treason and heresy. Painting: Workshop of Hans Holbein the Younger Recently featured: Lion of Al-lāt Sagittarius Japanese destroyer Yamakaze (1936) Archive More featured pictures

Other areas of Wikipedia
Community portal – Bulletin board, projects, resources and activities covering a wide range of Wikipedia areas.
Help desk – Ask questions about using Wikipedia.

此外，还可以使用 metaExtractor 提取文档的元数据，如下面的代码所示：

```
POITextExtractor metaExtractor = textExtractor.getMetadataTextExtractor();
        System.out.println(metaExtractor.getText());
```

它将生成以下输出：

```
Created = Thu Jun 28 06:36:00 UTC 2018
CreatedString = 2018-06-28T06:36:00Z
Creator = Ashish
LastModifiedBy = Ashish
LastPrintedString =
Modified = Thu Jun 28 06:37:00 UTC 2018
ModifiedString = 2018-06-28T06:37:00Z
Revision = 1
Application = Microsoft Office Word
AppVersion = 12.0000
Characters = 26588
CharactersWithSpaces = 31190
Company =
HyperlinksChanged = false
Lines = 221
LinksUpToDate = false
Pages = 8
Paragraphs = 62
Template = Normal.dotm
TotalTime = 1
```

另一种方法是使用 XWPFDocument 创建 POIXMLPropertiesTextExtractor 类的实例，该实例可用于 CoreProperties 和 ExtendedProperties，如以下代码所示：

```
fis = new FileInputStream(getResourcePath());
        POIXMLPropertiesTextExtractor properties = new
POIXMLPropertiesTextExtractor(new XWPFDocument(fis));
        CoreProperties coreProperties = properties.getCoreProperties();
        System.out.println(properties.getCorePropertiesText());

        ExtendedProperties extendedProperties =
properties.getExtendedProperties();
        System.out.println(properties.getExtendedPropertiesText());
```

输出如下：

```
Created = Thu Jun 28 06:36:00 UTC 2018
CreatedString = 2018-06-28T06:36:00Z
Creator = Ashish
LastModifiedBy = Ashish
LastPrintedString =
Modified = Thu Jun 28 06:37:00 UTC 2018
ModifiedString = 2018-06-28T06:37:00Z
Revision = 1

Application = Microsoft Office Word
AppVersion = 12.0000
```

```
Characters = 26588
CharactersWithSpaces = 31190
Company =
HyperlinksChangcd = false
Lines = 221
LinksUpToDate = false
Pages = 8
Paragraphs = 62
Template = Normal.dotm
TotalTime = 1
```

11.1.3 使用 PDFBox 从 PDF 文档抽取文本

Apache PDFBox（http://pdfbox.apache.org/）项目是一个用于处理 PDF 文档的 API。它支持抽取文本和其他任务，如文档合并、表单填写和 PDF 创建。在这里我们只说明文本抽取过程。为了演示 POI 的用法，使用一个名为 TestDocument.pdf 的文件。该文件是由 11.1.2 节中的 TestDocument.docx 文件另存为 PDF 文档得到。这个过程很简单。首先为 PDF 文档创建一个 File 对象，然后使用 PDDocument 类表示文档，最后使用 PDFTextStripper 类使用 getText 方法执行实际的文本提取，如下所示：

```
File file = new File(getResourcePath());
PDDocument pd = PDDocument.load(file);
PDFTextStripper stripper = new PDFTextStripper();
String text= stripper.getText(pd);
System.out.println(text);
```

输出如下：

```
Jump to navigation Jump to search
Welcome to Wikipedia,
the free encyclopedia that anyone can edit.
5,673,388 articles in English
 Arts
 Biography
 Geography
 History
 Mathematics
 Science
 Society
 Technology
 All portals
From today's featured article

George Steiner
The Portage to San Cristobal of A.H. is a 1981
literary and philosophical novella by George Steiner
(pictured). The story is about Jewish Nazi hunters
who find a fictional Adolf Hitler (A.H.) alive in the
Amazon jungle thirty years after the end of World
```

War II. The book was controversial, particularly
among reviewers and Jewish scholars, because the
author allows Hitler to defend himself when he is
put on trial in the jungle by his captors. There Hitler
maintains that Israel owes its existence to the
Holocaust and that he is the "benefactor of the
Jews". A central theme of The Portage is the nature
of language, and revolves around Steiner's lifelong
work on the subject and his fascination in the power
and terror of human speech. Other themes include
the philosophical and moral analysis of history,
justice, guilt and revenge. Despite the controversy, it
was a 1983 finalist in the PEN/Faulkner Award for
Fiction. It was adapted for the theatre by British

In the news

Lake Toba
 Saudi Arabia lifts its ban on
women driving.
 Canada legalizes the cultivation of
cannabis for recreational use
with effect from October 2018,
making it the second country to do
so.
 An overloaded tourist ferry
capsizes in Lake Toba (pictured),
Indonesia, killing at least 3 people
and leaving 193 others missing.
 In golf, Brooks Koepka wins the
U.S. Open at the Shinnecock Hills
Golf Club.
Ongoing:
 FIFA World Cup
.....

11.1.4 使用 Apache Tika 进行内容分析和抽取

Apache Tika 能够从数千种不同类型的文件（如 .doc、.docx、.ppt、.pdf、.xls 等）中检测和提取元数据和文本。它可以用于各种文件格式，这使得它对于搜索引擎、索引、内容分析、翻译等非常有用。可以从 https://tika.apache.org/download.html 下载。本节探讨如何将 Tika 用于各种格式的文本抽取。我们仅使用 Testdocument.docx 和 TestDocument.pdf。

使用 Tika 非常简单，如以下代码所示：

```
File file = new File("TestDocument.pdf");
Tika tika = new Tika();
String filetype = tika.detect(file);
System.out.println(filetype);
System.out.println(tika.parseToString(file));
```

只需创建 Tika 的实例，然后使用 detect 和 parseToString 方法即可获得以下输出：

```
application/pdf
Jump to navigation Jump to search

Welcome to Wikipedia,
the free encyclopedia that anyone can edit.

5,673,388 articles in English

  Arts

  Biography

  Geography

  History

  Mathematics

  Science

  Society

  Technology

  All portals

From today's featured article


George Steiner

The Portage to San Cristobal of A.H. is a 1981

literary and philosophical novella by George Steiner

(pictured). The story is about Jewish Nazi hunters
who find a fictional Adolf Hitler (A.H.) alive in the

Amazon jungle thirty years after the end of World

War II. The book was controversial, particularly
....
```

在内部，Tika 将首先检测文档的类型，选择合适的解析器，然后从文档中抽取文本。Tika 还提供了解析器接口和类来解析文档。我们还可以使用 Tika 中的 AutoDetectParser 或 CompositeParser 来实现同样的功能。使用解析器，可以获得文档的元数据。有关 Tika 的更多信息，请访问 https://tika.apache.org/。

11.2 管道

管道只不过是一个操作序列,其中一个操作的输出用作另一个操作的输入。我们已经在前几章的几个例子中看到它的使用,但是它们相对较短。特别是,我们看到了 Stanford 的 StanfordCoreNLP 类如何使用标注器对象很好地支持管道。我们将在下一节中讨论这种方法。如果结构合理,管道的优点之一是可以方便地添加和删除处理元素。例如,如果管道的一个步骤将词项转换为小写,那么也可以简单地删除此步骤,而管道的其余元素则保持不变。然而,有些管道并不总是如此灵活。一个步骤可能需要前一个步骤才能正常工作。在管道中,例如 StanfordCoreNLP 类支持的管道,需要以下一组标注器来支持 POS 处理:

```
props.put("annotators", "tokenize, ssplit, pos");
```

如果我们省略 ssplit 标注器,则会生成以下异常:

```
java.lang.IllegalArgumentException:annotator"pos"requires annotator
"ssplit"
```

尽管 Stanford 管道不需要太多的工作来建立,但其他管道可能会。我们将在 11.3 节中演示后一种方法。

11.2.1 使用 Stanford 管道

在本节中,我们将更详细地讨论 Stanford 管道。尽管我们在本书的几个示例中都使用了它,但是我们还没有完全探索其功能。在使用过这个管道之后,你现在可以更好地理解如何使用它。阅读本节后,你将能够更好地评估其功能和对你的需求的适用性。

edu.stanford.nlp.pipeline 程序包包含了 StanfordCoreNLP 和标注器类。一般方法使用以下代码序列处理文本字符串。Properties 类保存标注名称,并且 Annotation 类表示要处理的文本。StanfordCoreNLP 类的 Annotate 方法将应用在属性列表中指定的标注。CoreMap 接口是所有可标注对象的基本接口。它使用键值对。图 11-3 显示了类和接口的层次结构。

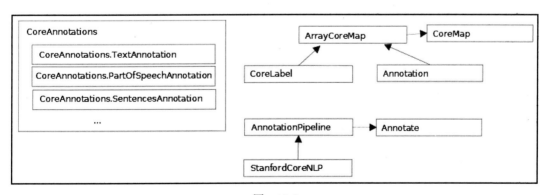

图   11-3

它是类和接口之间关系的简化版本。CoreLabel 类实现 CoreMap 接口。它表示一个附带标注信息的单词。附带的信息取决于创建管道时设置的属性。但是，始终会有可用的位置信息，例如其开始和结束位置或实体前后的空白。CoreMap 或 CoreLabel 的 get 方法返回特定于其参数的信息。get 方法被重载，并返回一个取决于其参数类型的值。CoreLabel 类用于访问句子中的单个单词。

我们使用 keyset 方法，该方法返回 Annotation 对象当前持有的所有标注键的集合。在使用 annotate 方法之前和之后显示键。完整的工作代码如下所示：

```java
String text = "The robber took the cash and ran";
        Properties props = new Properties();
        props.put("annotators", "tokenize, ssplit, pos, lemma, ner, parse,
dcoref");
        StanfordCoreNLP pipeline = new StanfordCoreNLP(props);
        Annotation annotation = new Annotation(text);
        System.out.println("Before annotate method executed ");
        Set<Class<?>> annotationSet = annotation.keySet();
        for(Class c : annotationSet) {
            System.out.println("\tClass: " + c.getName());
        }

        pipeline.annotate(annotation);

        System.out.println("After annotate method executed ");
        annotationSet = annotation.keySet();
        for(Class c : annotationSet) {
            System.out.println("\tClass: " + c.getName());
        }
        List<CoreMap> sentences =
annotation.get(SentencesAnnotation.class);
        for (CoreMap sentence : sentences) {
            for (CoreLabel token: sentence.get(TokensAnnotation.class)) {
                String word = token.get(TextAnnotation.class);
                String pos = token.get(PartOfSpeechAnnotation.class);
                System.out.println(word);
                System.out.println(pos);
            }
        }
```

以下输出显示了调用之前和之后以及单词和词性：

```
Before annotate method executed
    Class: edu.stanford.nlp.ling.CoreAnnotations$TextAnnotation
After annotate method executed
    Class: edu.stanford.nlp.ling.CoreAnnotations$TextAnnotation
    Class: edu.stanford.nlp.ling.CoreAnnotations$TokensAnnotation
    Class: edu.stanford.nlp.ling.CoreAnnotations$SentencesAnnotation
    Class: edu.stanford.nlp.ling.CoreAnnotations$MentionsAnnotation
    Class:
edu.stanford.nlp.coref.CorefCoreAnnotations$CorefMentionsAnnotation
```

```
        Class:
edu.stanford.nlp.ling.CoreAnnotations$CorefMentionToEntityMentionMappingAnn
otation
        Class:
edu.stanford.nlp.ling.CoreAnnotations$EntityMentionToCorefMentionMappingAnn
otation
        Class: edu.stanford.nlp.coref.CorefCoreAnnotations$CorefChainAnnotation
The
DT
robber
NN
took
VBD
the
DT
cash
NN
and
CC
ran
VBD
```

11.2.2 在 Stanford 管道中使用多核处理器

　　annotate 方法也可以使用多核处理器。它是一种重载方法，其中一个版本使用 Iterable<Annotation> 的实例作为其参数。它将使用可用的处理器处理每个 Annotation 实例。我们将使用先前定义的 pipeline 对象来演示此版本的 annotate 方法。

　　首先，我们根据 4 个短句子创建 4 个 Annotation 对象，如下所示。为了充分利用该技术，最好使用更大的数据集。以下是工作代码段：

```
Annotation annotation1 = new Annotation("The robber took the cash and
ran.");
Annotation annotation2 = new Annotation("The policeman chased him down the
street.");
Annotation annotation3 = new Annotation("A passerby, watching the action,
tripped the thief "
            + "as he passed by.");
Annotation annotation4 = new Annotation("They all lived happily ever after,
except for the thief "
            + "of course.");
ArrayList<Annotation> list = new ArrayList();
list.add(annotation1);
list.add(annotation2);
list.add(annotation3);
list.add(annotation4);
Iterable<Annotation> iterable = list;
pipeline.annotate(iterable);
List<CoreMap> sentences1 = annotation2.get(SentencesAnnotation.class);
for (CoreMap sentence : sentences1) {
```

```
for (CoreLabel token : sentence.get(TokensAnnotation.class)) {
            String word = token.get(TextAnnotation.class);
            String pos = token.get(PartOfSpeechAnnotation.class);
            System.out.println("Word: " + word + " POS Tag: " + pos);
        }
    }
```

输出如下：

```
Word: The POS Tag: DT
Word: policeman POS Tag: NN
Word: chased POS Tag: VBD
Word: him POS Tag: PRP
Word: down POS Tag: RP
Word: the POS Tag: DT
Word: street POS Tag: NN
Word: . POS Tag:
```

11.3 创建用于搜索文本的管道

搜索是一个丰富而复杂的主题。有许多不同类型的搜索和执行搜索的方法。这里的目的是演示如何应用各种 NLP 技术来支持这项工作。在大多数计算机上，可以在一定时间内一次处理单个文本文档。然而当需要搜索多个大型文档时，创建索引是支持搜索的常用方法。这会使搜索过程在一定时间内完成。我们将演示一种创建索引，然后使用索引进行搜索的方法。虽然我们使用的文本不是那么大，但足以演示这个过程。我们需要做到以下几点：

- 从文件中读取文本
- 分词并找到句子边界
- 删除停用词
- 统计索引数据
- 写出索引文件

有几个因素会影响索引文件的内容，包括：

- 删除停用词
- 区分大小写的搜索
- 寻找同义词
- 使用词干和词元化
- 允许跨句子边界的搜索

我们将使用 OpenNLP 演示此过程。本例的目的是演示如何在管道中组合 NLP 技术来解决搜索类型的问题。这不是一个全面的解决方案，我们将忽略一些技术（如词干提取）。另外，将不会显示索引文件的实际创建，而是留给读者作为练习。在这里，我们将重点介绍如何使用 NLP 技术。具体来说，我们将执行以下操作。

- 把书细分成句子
- 把句子中的词转换成小写
- 删除停用词
- 创建一个内部索引数据结构

我们将开发两个类来支持索引数据结构：Word 和 Positions。我们还将增加 StopWords 类（在第 2 章中提到），以支持 removeStopWords 方法的重载版本。新版本将提供一个更方便的方法来删除停用词。我们从 try-with-resources 块开始打开句子模型 en-sent.bin 的输入流，并打开一个文件，其中包含 Jules Verne 写的 *Twenty Thousand Leagues Under the Sea* 的内容。这本书是从 http://www.gutenberg.org/ebooks/164 下载。以下代码显示了搜索的工作示例：

```
try {
        InputStream is = new FileInputStream(new File(getResourcePath()
+ "en-sent.bin"));
        FileReader fr = new FileReader(getResourcePath() +
"pg164.txt");
        BufferedReader br = new BufferedReader(fr);
        System.out.println(getResourcePath() + "en-sent.bin");
        SentenceModel model = new SentenceModel(is);
        SentenceDetectorME detector = new SentenceDetectorME(model);
        String line;
        StringBuilder sb = new StringBuilder();
        while((line = br.readLine())!=null){
            sb.append(line + " ");
        }
        String sentences[] = detector.sentDetect(sb.toString());
        for (int i = 0; i < sentences.length; i++) {
            sentences[i] = sentences[i].toLowerCase();
        }
//        StopWords stopWords = new StopWords("stop-
words_english_2_en.txt");
//        for (int i = 0; i < sentences.length; i++) {
//            sentences[i] = stopWords.removeStopWords(sentences[i]);
//        }
        HashMap<String, Word> wordMap = new HashMap();
        for (int sentenceIndex = 0; sentenceIndex < sentences.length;
sentenceIndex++) {
        String words[] =
WhitespaceTokenizer.INSTANCE.tokenize(sentences[sentenceIndex]);
        Word word;
        for (int wordIndex = 0;
            wordIndex < words.length; wordIndex++) {
            String newWord = words[wordIndex];
            if (wordMap.containsKey(newWord)) {
                word = wordMap.remove(newWord);
            } else {
                word = new Word();
```

```
                }
                word.addWord(newWord, sentenceIndex, wordIndex);
                wordMap.put(newWord, word);
            }

            Word sword = wordMap.get("sea");
            ArrayList<Positions> positions = sword.getPositions();
            for (Positions position : positions) {
                System.out.println(sword.getWord() + " is found at line "
                    + position.sentence + ", word "
                    + position.position);
            }
        }

    } catch (FileNotFoundException ex) {
        Logger.getLogger(SearchText.class.getName()).log(Level.SEVERE,
null, ex);
    } catch (IOException ex) {
        Logger.getLogger(SearchText.class.getName()).log(Level.SEVERE,
null, ex);
    }

class Positions {
    int sentence;
    int position;

    Positions(int sentence, int position) {
        this.sentence = sentence;
        this.position = position;
    }
}
public class Word {
    private String word;
    private final ArrayList<Positions> positions;

    public Word() {
        this.positions = new ArrayList();
    }

    public void addWord(String word, int sentence,
            int position) {
        this.word = word;
        Positions counts = new Positions(sentence, position);
        positions.add(counts);
    }

    public ArrayList<Positions> getPositions() {
        return positions;
    }

    public String getWord() {
```

```
        return word;
    }
}
```

让我们分解代码来理解它。SentenceModel 用于创建一个 SentenceDetectorME 类的实例，如下所示：

```
SentenceModel model = new SentenceModel(is);
SentenceDetectorME detector = new SentenceDetectorME(model);
```

接下来，我们将使用 StringBuilder 实例创建一个字符串，以支持对句子边界的检测。读取该书的文件并将其添加到 StringBuilder 实例中。然后使用 sentDetect 方法创建一个句子数组，并使用 toLowerCase 方法将文本转换为小写。这样做是为了确保在删除停用词时，该方法将捕获所有停用词，如下所示：

```
String line;
StringBuilder sb = new StringBuilder();
while((line = br.readLine())!=null){
    sb.append(line + " ");
}
String sentences[] = detector.sentDetect(sb.toString());
for (int i = 0; i < sentences.length; i++) {
    sentences[i] = sentences[i].toLowerCase();
}
```

下一步是根据处理过的文本创建一个类似索引的数据结构。此结构将使用 Word 和 Positions 类。Word 类包含两个成员变量，word 和 Positions 对象的 ArrayList。由于一个单词在文档中可能出现多次，所以使用列表来保存其在文档中的位置。Positions 类包含两个成员变量，用于输入句子编号的 sentence，以及单词在句子中的位置 position。这两个类的定义如下：

```
class Positions {
    int sentence;
    int position;

    Positions(int sentence, int position) {
        this.sentence = sentence;
        this.position = position;
    }
}


public class Word {
    private String word;
    private final ArrayList<Positions> positions;

    public Word() {
        this.positions = new ArrayList();
    }
```

```
   public void addWord(String word, int sentence,
         int position) {
      this.word = word;
      Positions counts = new Positions(sentence, position);
      positions.add(counts);
   }

   public ArrayList<Positions> getPositions() {
      return positions;
   }

   public String getWord() {
      return word;
   }
}
```

要使用这些类，我们创建一个 HashMap 实例来保存文件中每个单词的位置信息。在映射中创建单词条目的代码如下所示。每个句子都被分词，然后检查每个词是否存在于映射中。这个词被用作散列映射的键。containsKey 方法确定单词是否已添加。如果已添加，则删除该 Word 实例。如果以前未添加该单词，则创建新的 Word 实例。无论如何，新的位置信息将添加到 Word 实例中，然后添加到映射中，如下所示：

```
HashMap<String, Word> wordMap = new HashMap();
            for (int sentenceIndex = 0; sentenceIndex < sentences.length;
sentenceIndex++) {
            String words[] =
WhitespaceTokenizer.INSTANCE.tokenize(sentences[sentenceIndex]);
            Word word;
            for (int wordIndex = 0;
                  wordIndex < words.length; wordIndex++) {
               String newWord = words[wordIndex];
               if (wordMap.containsKey(newWord)) {
                  word = wordMap.remove(newWord);
               } else {
                  word = new Word();
               }
               word.addWord(newWord, sentenceIndex, wordIndex);
               wordMap.put(newWord, word);
            }
```

为了演示实际的查找过程，我们使用 get 方法返回单词 “reef” 的 Word 对象的实例。使用 getPositions 方法返回位置列表，然后显示每个位置，如下所示：

```
Word sword = wordMap.get("sea");
            ArrayList<Positions> positions = sword.getPositions();
            for (Positions position : positions) {
               System.out.println(sword.getWord() + " is found at line "
                     + position.sentence + ", word "
                     + position.position);
            }
```

输出如下：

```
sea is found at line 0, word 7
sea is found at line 2, word 6
sea is found at line 2, word 37
sea is found at line 3, word 5
sea is found at line 20, word 11
sea is found at line 39, word 3
sea is found at line 46, word 6
sea is found at line 57, word 4
sea is found at line 133, word 2
sea is found at line 229, word 3
sea is found at line 281, word 14
sea is found at line 292, word 12
sea is found at line 320, word 22
sea is found at line 328, word 21
sea is found at line 355, word 22
sea is found at line 363, word 1
sea is found at line 391, word 13
sea is found at line 395, word 6
sea is found at line 450, word 12
sea is found at line 460, word 6
.....
```

这个实现相对简单，但演示强调了如何结合各种 NLP 技术来创建和使用可以保存为索引文件的索引数据结构。还可以使用其他增强搜索的方法，包括：

- 其他过滤操作
- 在 Positions 类中存储文档信息
- 在 Positions 类中存储章节信息
- 提供搜寻选项，例如，区分大小写的搜索、精确的文本搜索、更好的异常处理

这些留给读者练习。

11.4　总结

在本章中，我们讨论了准备数据的过程和管道。我们演示了从 HTML、Word 和 PDF 文档中抽取文本的几种技术，还介绍了 Apache Tika 如何方便地用于任何类型的文档抽取。我们看到管道只不过是为了解决某个问题而集成的一系列任务。我们可以根据需要插入和移除管道的各种元素。详细讨论了 Stanford 管道架构。我们研究了各种可以使用的标注器。本书探讨了管道的细节，以及如何将其用于多核处理器。

下一章，我们将创建一个简单的聊天机器人，以演示到目前为止我们已经看到的 NLP 的应用。

第12章

创建一个聊天机器人

聊天机器人在最近几年变得越来越流行，许多企业都通过网络使用它来帮助客户执行日常任务。社交媒体和通信平台对聊天机器人的增长贡献最大。最近，Facebook Messenger 在其平台上发布了 10 万个机器人程序。除了聊天机器人之外，语音机器人现在也越来越受欢迎，亚马逊的 Alexa 就是语音机器人的一个典型例子。聊天机器人现在已经深入客户市场，因此客户可以迅速得到答复，而不必等待信息。随着时间的推移，机器学习的进化已经使聊天机器人从简单的对话变成了以行动为导向的，现在它们可以帮助客户预约、获取产品细节，甚至可以在线获取用户的输入、预订和在线订单。医疗行业发现，使用聊天机器人可以帮助越来越多的病人。

你也可以理解聊天机器人的重要性和预期的数量增长，因为许多大公司的老板都在聊天机器人上进行了大量投资，或者收购了基于聊天机器人的公司。你可以说出任何大型公司的名字，比如谷歌、微软、Facebook 或 IBM，它们都在积极地提供聊天机器人平台和 API。我们都用过 Siri、谷歌助手或 Alexa，它们只是机器人。

图 12-1 显示了 2017 年聊天机器人的情况。

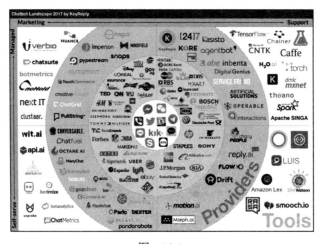

图　12-1

来源 https://blog.keyreply.com/the-chatbot-landscape-2017-edition-ff2e3d2a0bdb

这个同心圆，从内圆开始，展示了平台、品牌、供应商和工具。

在这一章中，将看到不同类型的聊天机器人，我们也将开发一个简单的预约聊天机器人。

本章将涵盖以下主题：

- 聊天机器人架构
- 人工语言网络计算机实体

12.1 聊天机器人架构

聊天机器人只不过是一个可以与用户聊天，并代表用户执行一定级别任务的计算机程序。聊天机器人似乎在用户的问题和解决方案之间有着直接的联系。聊天机器人的主要包括以下几个类型。

- **简单聊天机器人**：对于这类聊天机器人，用户会输入一些文本，大部分是问题的形式，机器人会以文本的形式给出适当的回复。
- **会话聊天机器人**：这类聊天机器人可以感知对话的上下文并保持状态。根据用户的需要，对用户文本的响应是对话的形式。
- **人工智能聊天机器人**：这种类型的聊天机器人从提供给它的训练数据中学习，这些训练数据是根据许多不同的场景或从过去的长日志中准备的。

聊天机器人的主要功能是使用一些预定义的库或数据库，或者使用机器学习模型，生成对用户文本的正确或适当的响应。机器学习算法允许使用大量数据或对话示例来训练机器人选择模式。它使用意图分类和实体来生成响应。为了找到意图和实体，它使用自然语言理解（Natural Language Understanding，NLU）的概念，如图 12-2 所示。

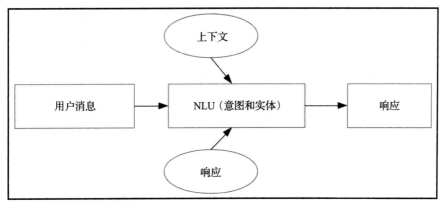

图 12-2

对聊天机器人应用机器学习需要对机器学习算法有深入的了解，这超出了本书的范围。

我们将研究一种不涉及机器学习的模型，比如有一个基于检索的模型，其中响应是由一些预定义的逻辑和上下文生成，如图 12-3 所示。它易于构建且可靠，但在响应生成中并非 100% 准确。它被广泛使用，并且针对此类模型提供了几种 API 和算法。它基于 if ... else 条件生成响应，称为模式基响应生成。

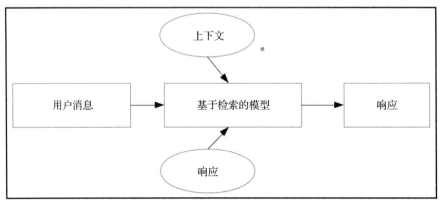

图   12-3

它依靠人工智能标记语言（Artificial Intelligence Markup Language，AIML）来记录模式和响应。这将在下一节中讨论。

12.2　人工语言网络计算机实体

人工语言网络计算机实体（Artificial Linguistic Internet Computer Entity，ALICE）是在 AIML 中创建的免费聊天机器人软件。这是一个 NLP 聊天机器人，它可以使用一些启发式的模式匹配规则与人类进行对话。它曾三度获得 Loebner 奖，该奖项授予有成就的会说话的机器人。它没有通过图灵测试，但它仍然可以用于正常的聊天，并且可以定制。

12.2.1　了解 AIML

在本节中，我们将使用 AIML。AIML 是一种基于 XML 的标记语言，用于开发 AI 应用程序，特别是用于软件代理。它包含用于用户请求的规则或响应，这些规则或响应由 NLU 单元在内部使用。简单来说，我们在 AIML 中添加的规则越多，我们的聊天机器人就会越智能和准确。

AIML 是一种基于 XML 的标记语言，它以根标签 <aiml> 开头，因此典型的 AIML 文件如下所示：

```
<?xml version="1.0" encoding="UTF-8"?>
<aiml>
</aiml>
```

使用 <category> 标签，为可能的查询添加问题和答案或响应。它是聊天机器人知识库的基本单元。简而言之，<category> 接受输入并返回输出。所有 AIML 元素必须包含在 <category> 元素中。<pattern> 标签用于匹配用户的输入，<template> 标签是对用户输入的响应。将其添加到之前的代码中，该代码现在应如下所示：

```xml
<?xml version="1.0" encoding="UTF-8"?>
<aiml>
    <category>
        <pattern>Hello</pattern>
        <template> Hello, How are you ? </template>
    </category>
</aiml>
```

因此，每当用户输入"Hello"这个单词时，机器人都会回答"Hello，How are you?"

"*"在 <pattern> 标签中用作通配符，可以代替任何内容，在 <template> 标签中使用 <star> 标签形成"*"内容的响应，如下所示：

```xml
<?xml version="1.0" encoding="UTF-8"?>
<aiml>
    <category>
        <pattern>I like *.</pattern>
        <template>Ok, so you like <star/></template>
    </category>
</aiml>
```

现在，当用户说"I like Mangoes"时，机器人发出的响应将是"OK，so you like mangoes"。我们还可以使用多个"*"，如下所示：

```xml
<?xml version="1.0" encoding="UTF-8"?>
<aiml>
    <category>
    <pattern>I like * and *</pattern>
        <template> Ok, so you like <star index="1"/> and <star
index="2"/></template>
    </category>
</aiml>
```

现在，当用户说"I like Mangoes and Bananas"时，该机器人的响应将是"Ok，so you like mangoes and bananas"。

接下来是 <srai> 标签，该标签用于不同的模式，以便生成相同的模板，如下所示：

```xml
<?xml version="1.0" encoding="UTF-8"?>
<aiml>
    <category>
        <pattern>I WANT TO BOOK AN APPOINTMENT</pattern>
        <template>Are you sure</template>
    </category>
    <category>
        <pattern>Can I *</pattern>
        <template><srai>I want to <star/></srai></template>
```

```
    </category>
    <category>
        <pattern>May I * </pattern>
        <template>
            <srai>I want to <star/></srai>
        </template>
    </category>
</aiml>
```

第一类的模式为""I WANT TO BOOK AN APPOINTMENT"，其回答为"Are you sure"。在下一个类别中，如果用户询问"Can I book an appointment"或"May I book an appointment"，则响应将是相同的"Are you sure"。

<srai> 标签有很多用途，就像我们在这里看到的，它也可以用于同义词和关键字解析。

有关更多标签内容，请参阅 http://callmom.pandorabots.com/static/reference/#aiml-2-0-reference。

12.2.2 使用 ALICE 和 AIML 开发聊天机器人

要开发聊天机器人，我们需要 AIML 解释器或 AIML 的参考实现。Program AB 就是这样一种工具，可以在 https://code.google.com/archive/p/program-ab/ 找到。在下载部分，ZIP 文件对于 Program AB 是可用的。解压缩文件，它将包含以下目录：

- bots：包含显示机器人名称的 super 文件夹
- data：包含示例文本
- lib：包含 Ab.jar
- out：包含类文件

在 bots 文件夹的子目录 super 中，我们可以看到目录名称 aiml、ailff、config、data、map 和 sets。这些是使用 AIML 和 ALICE 创建聊天机器人所需的标准目录。让我们测试聊天机器人，打开一个新的终端并移至提取的 program-ab 文件夹中，并执行以下命令：

program-ab-0.0.4.3$ java -cp lib/Ab.jar Main bot = test action=chat trace=false

它将加载所有文件，并提示你，如下所示：

Human :

试着用一些文字聊天，你会很快意识到它是可行的，但并不总是适用于所有的查询。图 12-4 是演示聊天。

现在，让我们创建自己的聊天机器人进行预约计划。第一步是创建一个 AIML 文件。

在新的 NetBeans 项目中创建如图 12-5 所示的文件夹结构，并在项目库中添加 Ab.jar。

```
Human: Hello
Robot: Hi! It's delightful to see you.
Human: My name is ashish
AIMLMap get ASHISH=M
Robot: Hi there Ashish
Human: Date
CalendarUtils.date: June 28, 2018
Robot: Today is June 28, 2018
Human: Time
CalendarUtils.date: 4:02 PM
Robot: The time is 4:02 PM
Human: What is your name
Robot: I am
SUPER.
Human: How old are you
CalendarUtils.date: June 28, 2018
CalendarUtils.date: June 28, 2018
Robot: I am 5 years old.
Human: Where do you live
Robot: I'm inside your phone.
Human: Oh great
Robot: Uh. How old are you?
Human: I am same
Robot: That sounds interesting.  Tell me more
Human: What you want to know
Robot: Yo, back at you.
Human: ok
Robot: Um.
```

图　12-4

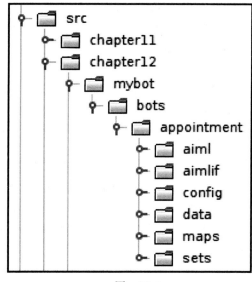

图　12-5

在 aiml 目录中，我们创建一个具有以下内容的 AIML 文件：

```xml
<?xml version="1.0" encoding="UTF-8"?>
<aiml>
<!--  -->
<category><pattern>I WANT TO BOOK AN APPOINTMENT</pattern>
<template>Are you sure you want to book an appointment</template>
</category>
<category><pattern>YES</pattern><that>ARE YOU SURE YOU WANT TO BOOK AN
APPOINTMENT</that>
<template>Can you tell me date and time</template>
</category>
<category><pattern>NO</pattern><that>ARE YOU SURE YOU WANT TO BOOK AN
APPOINTMENT</that>
<template>No Worries.</template>
</category>
<category><pattern>DATE * TIME *</pattern><that>CAN YOU TELL ME DATE AND
TIME</that>
<template>You want appointment on <set name="udate"><star index="1"/>
</set> and time <set name="utime"><star index="2"/></set>. Should i
confirm.</template>
</category>
<category><pattern>YES</pattern><that>SHOULD I CONFIRM</that>
<template><get name="username"/>, your appointment is confirmed for <get
name="udate"/> : <get name="utime"/></template>
</category>
<category><pattern>I AM *</pattern>
<template>Hello <set name="username"> <star/>! </set></template>
</category>
```

```
<category><pattern>BYE</pattern>
<template>Bye <get name="username"/> Thanks for the
conversation!</template>
</category>
</aiml>
```

AIML 文件中使用了 set 和 get 标签，可以将上下文保存在变量中，并在需要时检索。

```
<category><pattern>I AM *</pattern>
<template>Hello <set name="username"> <star/>! </set></template>
</category>
```

这显示了 set 属性的用法，因此，当用户输入 "I am ashish" 时，它将保存在变量 name 中，并且响应为 "Hello Ashish !"。现在，可以在 AIML 的任何地方使用 get 来输出用户名。因此，这意味着可以使用 set 和 get 标记上下文。

下一部分是创建预约。当用户要求预约时，响应将要求确认，如下所示：

```
<category><pattern>I WANT TO BOOK AN APPOINTMENT</pattern>
<template>Are you sure you want to book an appointment</template>
</category>
```

现在，来自用户的预期回答将是 "yes" 或 "no"，根据它生成下一个响应。要在最后一个问题的上下文中继续对话，将使用标签，如下所示：

```
<category><pattern>YES</pattern><that>ARE YOU SURE YOU WANT TO BOOK AN
APPOINTMENT</that>
<template>Can you tell me date and time</template>
</category>
<category><pattern>NO</pattern><that>ARE YOU SURE YOU WANT TO BOOK AN
APPOINTMENT</that>
<template>No Worries.</template>
</category>
```

如果用户说 "YES"，聊天机器人将询问日期和时间，并再次保存该日期和时间，并询问用户是否确定在这个日期和时间预约，具体如下：

```
<category><pattern>DATE * TIME *</pattern><that>CAN YOU TELL ME DATE AND
TIME</that>
<template>You want appointment on <set name="udate"><star index="1"/>
</set> and time <set name="utime"><star index="2"/></set>. Should i
confirm.</template>
</category>
<category><pattern>YES</pattern><that>SHOULD I CONFIRM</that>
<template><get name="username"/>, your appointment is confirmed for <get
name="udate"/> : <get name="utime"/></template>
</category>
```

聊天输出示例如下：

```
Robot : Hello, I am your appointment scheduler May i know your name
Human :
I am ashish
```

```
Robot : Hello ashish!
Human :
I want to book an appointment
Robot : Are you sure you want to book an appointment
Human :
yes
Robot : Can you tell me date and time
Human :
Date 24/06/2018 time 4 pm
Robot : You want appointment on 24/06/2018 and time 4 pm. Should i confirm.
Human :
yes
Robot : ashish!, your appointment is confirmed for 24/06/2018 : 4 pm
```

在 aiml 目录中将此 AIML 文件存为 myaiml.aiml。下一步是创建 AIML 中间格式为 CSV 的文件。创建一个名为 GenerateAIML.java 的 Java 文件，并添加以下代码：

```java
public class GenerateAIML {
        private static final boolean TRACE_MODE = false;
        static String botName = "appointment";

    public static void main(String[] args) {
        try {

            String resourcesPath = getResourcesPath();
            System.out.println(resourcesPath);
            MagicBooleans.trace_mode = TRACE_MODE;
            Bot bot = new Bot("appointment", resourcesPath);
            bot.writeAIMLFiles();

        } catch (Exception e) {
            e.printStackTrace();
        }
    }

    private static String getResourcesPath(){
        File currDir = new File(".");
        String path = currDir .getAbsolutePath();
        path = path.substring(0, path.length()-2);
        System.out.println(path);
        String resourcePath = path + File.separator  +
"src/chapter12/mybot";
        return resourcePath;
    }
}
```

执行该文件。它将在 aimlif 目录中生成 myaiml.aiml.csv。

根据 NetBeans 中的包更改 ResourcePath 变量。在本例中，chapter12 是包名，mybot 是包内的目录。

创建另一个 Java 文件来测试该机器人，如下所示：

```java
public class Mychatbotdemo {
    private static final boolean TRACE_MODE = false;
    static String botName = "appointment";
    private static String getResourcePath(){
        File currDir = new File(".");
        String path = currDir .getAbsolutePath();
        path = path.substring(0, path.length()-2);
        System.out.println(path);
            String resourcePath = path + File.separator +
"src/chapter12/mybot";
        return resourcePath;
    }
    public static void main(String args[]){
        try
        {
            String resourcePath = getResourcePath();
            System.out.println(resourcePath);
            MagicBooleans.trace_mode = TRACE_MODE;
            Bot bot = new Bot(botName, resourcePath);
            Chat chatSession = new Chat(bot);
            bot.brain.nodeStats();
            String textLine = "";
            System.out.println("Robot : Hello, I am your appointment
scheduler May i know your name");
                while(true){
                    System.out.println("Human : ");
                    textLine = IOUtils.readInputTextLine();
                    if ((textLine==null) || (textLine.length()<1)){
                        textLine = MagicStrings.null_input;
                    }
                    if(textLine.equals("q")){
                        System.exit(0);
                    } else if (textLine.equals("wq")){
                        bot.writeQuit();
                    } else {
                        String request = textLine;
                        if(MagicBooleans.trace_mode)
                            System.out.println("STATE=" + request + ":THAT" +
((History)chatSession.thatHistory.get(0)).get(0) + ": Topic" +
chatSession.predicates.get("topic"));
                        String response =
chatSession.multisentenceRespond(request);
                            while(response.contains("&lt;"))
                                response = response.replace("&lt;", "<");
                            while(response.contains("&gt;"))
                                response = response.replace("&gt;", ">");
```

```
                  System.out.println("Robot : " + response);
              }
          }
      }

      catch(Exception e){
          e.printStackTrace();
      }
    }
}
```

执行 Java 代码，你将看到提示符"Human："，它将等待一个输入。按 Q 将结束程序。根据我们的 AIML 文件，我们的对话是有限的，因为我们只要求基本信息。我们可以将其与 super 文件夹集成，并将我们的 AIML 文件添加到 super 目录中，这样我们就可以在默认情况下使用所有可用的对话，并使用自定义对话进行预约。

12.3 总结

在这一章中，我们了解了聊天机器人的重要性以及它们的发展方向。我们还展示了不同的聊天机器人架构。我们首先了解了 ALICE 和 AIML，然后使用 AIML 创建了一个用于预约的演示聊天机器人，以此展示使用 ALICE 和 AIML 的聊天机器人。

推荐阅读